Uni-Taschenbücher 343

# UTB

Eine Arbeitsgemeinschaft der Verlage

Birkhäuser Verlag Basel und Stuttgart
Wilhelm Fink Verlag München
Gustav Fischer Verlag Stuttgart
Francke Verlag München
Paul Haupt Verlag Bern und Stuttgart
Dr. Alfred Hüthig Verlag Heidelberg
J. C. B. Mohr (Paul Siebeck) Tübingen
Quelle & Meyer Heidelberg
Ernst Reinhardt Verlag München und Basel
F. K. Schattauer Verlag Stuttgart-New York
Ferdinand Schöningh Verlag Paderborn
Dr. Dietrich Steinkopff Verlag Darmstadt
Eugen Ulmer Verlag Stuttgart
Vandenhoeck & Ruprecht in Göttingen und Zürich
Verlag Dokumentation München-Pullach

Unter Mitarbeit von Dr. rer. nat. *Wolfgang Knüpfer*, Universität Erlangen

Horst Teichmann

# Angewandte Elektronik

Band I:

Elektronische Leitung

Elektronenoptik

Mit 52 Abbildungen und 12 Tabellen

Springer-Verlag Berlin Heidelberg GmbH

Prof. Dr.-Ing. *Horst Teichmann*, geboren am 12. Januar 1904 in Dresden, studierte technische Physik an der Technischen Hochschule Dresden. 1931 Habilitation (für das gesamte Lehrgebiet der Physik), 1926–1939 Assistent am Physikalischen Institut der Technischen Hochschule Dresden. Seit 1939 im Dienst (Forschung, Verwaltung) der Deutschen Reichs- und Bundespost (1944 Postrat, 1961 Oberpostrat, 1967 Oberpostdirektor, seit 1969 a. D.) in Berlin, Würzburg und Nürnberg. 1942–1945 Lehrauftrag für theoretische Physik an der Universität Heidelberg, 1948–1972 Lehrauftrag für angewandte Physik an der Universität Würzburg, 1952 Umhabilitation an die Universität Würzburg, seit 1953 Honorarprofessor für angewandte Physik an der Universität Würzburg. Zahlreiche wissenschaftliche Veröffentlichungen, Schriftleiter der Zeitschrift Der Fernmelde-Ingenieur (seit 1951), Hauptredakteur des Handwörterbuches für das elektrische Fernmeldewesen (1963–1970), Koordinator auf dem Gebiete der Dokumentation in der Elektrotechnik (1963–1973). Lebt gegenwärtig in Würzburg.

ISBN 978-3-7985-0397-7    ISBN 978-3-642-85600-6 (eBook)
DOI 10.1007/978-3-642-85600-6

Einbandgestaltung: Alfred Krugmann, Stuttgart

Gebunden in der Großbuchbinderei Sigloch, Stuttgart

# Vorwort

Das vorliegende Taschenbuch ist das erste einer Reihe von vier Taschenbüchern, in denen ein viersemestriger Vorlesungszyklus niedergelegt ist, den ich über viele Jahre an der Universität Würzburg gehalten habe. Das Ziel dieser Vorlesungen ist, den Studierenden der Physik einen umfassenden Überblick über das mit elektronischen Vorgängen verknüpfte physikalische Geschehen und seine Anwendungen zu geben. Hierbei habe ich mich von der Vorstellung leiten lassen, die Grundlagen möglichst transparent in ihren Zusammenhängen darzustellen, um im Gedächtnis leicht zu speichernde Informationen zu vermitteln, die bei Bedarf das Fundament für das Aneignen vertiefter Spezialkenntnisse ermöglichen. Diesem Ziel dient die Gliederung des Inhaltes der vier Taschenbücher, der in Band I die Phänomene der elektronischen Leitung und der Elektronenoptik behandelt, für den in Band II die Beschreibung elektronischer Bauelemente und Geräte sowie eine Einführung in die Vierpoltheorie vorgesehen ist, der in Band III eine Darstellung der Strahlungselektronik und Hochfrequenztechnik bringt und schließlich in Band IV in die Kybernetik und Informationselektronik einführen wird. Der weitgespannte Rahmen macht es schwierig, für dieses Vorlesungs- und damit auch für das Buchvorhaben eine Sammelbezeichnung zu finden. Mir schien die Benennung ,,Angewandte Elektronik`` unter den sich anbietenden Möglichkeiten die optimale.

Der Anklang, den diese Vorlesungen bei den Studierenden fanden, und die sehr gute Aufnahme der Veröffentlichungen von Teilgebieten meiner Vorlesungen haben mich zu dieser Gesamtdarstellung ermutigt. Ich hoffe, daß sie recht vielen Interessierten Zusammenhänge überschaubar macht und Mosaiksteine ihrer Kenntnisse zu Bildern zusammenfließen läßt, deren Einprägsamkeit ihnen ermöglicht, die Informationsflut der Gegenwart individuell in den Griff zu bekommen und dabei die Freude des Erkennens zu erleben, die der Lohn jedes echten Forscherdranges ist.

Über den Rahmen dieses Werkes hinaus sollen ausgewählte Literaturhinweise auf weiterführendes Schrifttum führen. Ein Literaturverzeichnis, das auch zahlreiche, ältere Originalarbeiten enthält, die man gegenwärtig immer seltener zitiert findet, soll den Lesern den Rückblick auf die zeitgebundenen Einflüsse der jeweiligen physikalischen Umwelt ermöglichen, was nicht nur unter historischen sondern auch heuristischen Gesichtspunkten von außerordentlichem Wert sein kann. Die anschließenden biographischen Notizen mögen die Erinnerungen an jene Menschen wachhalten, die Physik und Technik neue, richtungweisende Impulse gaben und ihr Leben der Forschung, der Lehre und ihren Anwendungen widmeten.

Um die Kontinuität der Darstellungsweise auch über die Gegenwart hinaus zu wahren, habe ich mich der Mitarbeit eines jungen Kollegen versichert, und ich bin Herrn Dr. Wolfgang Knüpfer für seine Bereitwilligkeit zur Mitarbeit sehr dankbar, mit der er zum Gelingen unserer gemeinsamen Darstellung durch Übernahme der Abfassung einiger Abschnitte beigetragen hat.

Zu danken habe ich für die Mithilfe beim Schreiben des Manuskriptes Fräulein H. Ohmann vom Physikalischen Institut der Universität Würzburg sowie den Helfern beim Lesen der Korrekturen, meinem Mitarbeiter, Herrn Dr. W. Knüpfer, und nicht zuletzt meiner lieben Frau, Brunhilde Teichmann geb. Kircher. Dank gebührt schließlich dem Verlag für seine Geduld beim Eingehen auf unsere Wünsche und für die Sorgfalt, die er der redaktionellen Bearbeitung und der Ausführung des gemeinsamen Werkes angedeihen ließ.

Würzburg, Weihnachten 1974 *Horst Teichmann*

# Inhalt

# Einleitung

Die Frage nach dem Wesen der Elektrizität hat seit dem sagenhaften Angehörigen Griechenlands, der als erster ein Stück Bernstein ($\acute{\eta}\lambda\varepsilon\kappa\tau\rho o\nu$) gerieben und voll Verwunderung dessen geheimnisvolle Anziehungskräfte auf leichte Gegenstände beobachtet haben soll, die Menschheit bis auf unsere Tage nicht ruhen lassen.

Das Urphänomen der Elektrizität stellt sich uns gegenwärtig als eine negative, sehr kleine elektrische Elementarladung dar, die wir uns vielfach als mit einem Teilchen verbunden denken können, deren Verhalten aber auch manchmal zeigt, daß es sich um eine Erscheinung handelt, die wir nur mit Hilfe einer Wellenvorstellung beschreiben können. Dabei ist die Frage nach dem Wesen der Elektrizität ganz in den Mikrokosmos verdrängt worden. Die elektrische Elementarladung ist so weit der Größenordnung der physikalischen Alltagswelt entrückt, daß sie außerhalb der Vorstellungswelt des Durchschnittsbürgers ein nur den Tieferschürfenden interessierendes Dasein fristet. Und doch liegt die Bedeutung unserer Erkenntnisse vom elektrischen Elementarteilchen, dessen Existenz sich aus der verwirrenden Fülle elektrischer Erscheinungen durch die Lebensarbeit zahlreicher Gelehrtengenerationen herauskristallisiert hat, gerade darin, nahezu den gesamten Komplex der makroskopisch wahrnehmbaren, elektrischen Erscheinungen unter einem einheitlichen Gesichtspunkt zu beschreiben und damit insoweit zu erklären, als die Frage nach dem Wesen der Elektrizität auf die nach dem „Warum" der Existenz des Elektrons zurückgeführt wird, auf die eine Antwort zu geben sich beispielsweise die Elementarteilchentheorie *W. Heisenbergs* anschickt.

Den Wissenschaftszweig, der sich mit der Beschreibung der elektrischen Erscheinungen durch Eigenschaften von Elektronen, deren Wechselwirkungen untereinander und mit den Bausteinen der Materie, speziell im Gefüge kristalliner Gitter, befaßt, bezeichnet man als „Elektronik", die zahlreichen Anwendungen eingeschlossen als „Angewandte Elektronik".

Die folgenden Kapitel sollen einen Querschnitt durch dieses Wissenschaftsgebiet geben.

# 1. Experimentelle und theoretische Grundlagen der Elektronenvorstellung

## 1.1. Geschichtliches

Einen Rückblick auf die historische Entwicklung physikalischer Theorien läßt einen steten Wechsel zwischen Kontinuitäts- und Diskontinuitätsvorstellungen über den Ablauf physikalischer Vorgänge erkennen. So wie Auffassungen über das Wesen der Materie zwischen diesen beiden Polen seit dem Altertum hin- und herschwanken, um schließlich zu Beginn des 19. Jahrhunderts derjenigen einer atomistischen Struktur den Vorzug zu geben, so hat auch die Frage: „Was ist Elektrizität?" eine wechselnde Beantwortung erfahren, bis man sich gegen Ende des 19. Jahrhunderts ebenfalls im atomistischen Sinne entschied.

Eingeleitet wurde diese Phase in der Theorie der Elektrizität durch folgerichtige Schlüsse aus *Faradays* Gesetzen der Elektrolyse. Im Jahre 1874 teilte *G. H. Stoney* (1) auf einer Tagung der British Association in Belfast mit, daß die Vorgänge bei der Elektrolyse darauf schließen lassen: Jedes einwertige Atom tranportiert in Lösung als Ion eine kleinste Elektrizitätsmenge von rund $3 \times 10^{10}$ elektrostatischen Einheiten. Seine Ausführungen gerieten jedoch in Vergessenheit und wurden dieser erst durch eine Veröffentlichung entrissen, als unabhängig von ihm *H. von Helmholtz* (2) in seiner *Faraday*-Vorlesung an der Royal Institution in London im Jahre 1881 darauf hinwies, daß aus den *Faraday*schen Gesetzen der Elektrolyse die Aufteilung der Elektrizität in ganz bestimmte, elementare Quanten folge.

Nach *Faraday* befördern chemisch äquivalente Mengen einer Substanz stets die gleiche Menge Elektrizität. Die Einheit des Äquivalentgewichtes (Atomgewicht/Wertigkeit) transportiert die Elektrizitätsmenge F = 96 522 Coulomb, nach ihrem Entdecker „*Faraday*sche Konstante" genannt. Wir können mit ihrer Hilfe den Betrag des elektrischen Elementar-Quantums berechnen, wenn wir die Anzahl der Atome, die im Äquivalentgewicht einer Substanz enthalten sind, kennen. Für das 1-wertige Element Wasserstoff, welches das Atomgewicht 1 und damit auch das Äquivalentgewicht 1 besitzt, läßt sich diese Zahl besonders einfach angeben. Nach *J. Loschmidt* sind nämlich im Mol jeder Substanz gleich viel Moleküle vorhanden. Als zuverlässigster Wert der *Loschmidt*schen Zahl N gilt:

$$N = 6{,}02 \cdot 10^{23} \frac{1}{\text{Mol}} \ ^{1)}. \tag{1}$$

Da sich das Wasserstoffmolekül aus zwei Atomen zusammensetzt, mithin das Molekulargewicht 2 besitzt, befinden sich in einer dem Äquivalentgewicht 1 des Wasserstoffs entsprechenden Menge N Wasserstoffatome. Die von jedem Atom bei der Elektrolyse transportierte Elektrizitätsmenge ε beträgt daher:

$$\varepsilon = \frac{F}{N} = 4{,}80 \cdot 10^{-10} \ \text{elst. Einh.} = 1{,}60 \cdot 10^{-19} \ \text{C.} \tag{2}$$

Der Schluß auf das Vorhandensein einer kleinsten Ladungsmenge bei elektrolytischen Vorgängen ließ die Frage aufwerfen, ob eine solche Elementarladung auch frei, d. h. nicht an Materie gebunden, existiert. Sie wurde erst fast zwei Jahrzehnte später, im Jahre 1897, von *E. Wiechert* (3) aufgrund von Untersuchungen *Ph. Lenard*s (4) an Kathodenstrahlen im positiven Sinne beantwortet. Er schloß aus diesen, daß der Kathodenstrahl von den Elementarteilchen der Elektrizität selbst gebildet wird, und sie eine negative Ladung tragen. *G. J. Stoney* (5) gab den Elementarteilchen ihren Namen, unter dem sie sich in der Physik eingebürgert haben: Elektronen.

Nunmehr folgten die Entdeckungen von Verfahren, „freie Elektronen" zu erhalten, in rascher Folge, zumal die technischen Vorbedingungen hierfür, insbesondere die Herstellung eines von Materie weitgehend entblößten Raumes, des Hochvakuums, durch die Vakuumpumpen von *A. Toepler* (6) geschaffen worden waren.

Die als Kathodenstrahlen bekannte Emission freier Elektronen ist eine Form der elektrischen Entladung in hochverdünnten Gasen und auf den Aufprall von Gasionen auf die Kathode zurückzuführen.

Auch auf eine positiv vorgespannte Elektrode auftreffende Elektronen können eine sekundäre Elektronenemission veranlassen. In beiden Fällen werden durch mechanischen Stoß sogenannte „Sekundärelektronen" ausgelöst. Der zweite Fall ist von besonderem Interesse, wenn die Ausbeute an Sekundärelektronen größer als 1 ist, d. h. je aufprallendem Elektron mehr als ein Elektron sekundär ausgelöst wird (vgl. Abschn. 2.1.1.2.).

Von *W. Hallwachs* (7) wurde 1888 der Photoeffekt entdeckt, nach dem *H. Hertz* (8) die Herabsetzung der Funkenspannung unter dem Einfluß

---

¹) Bezogen auf die Volumeneinheit ergibt sich die Avogadrosche Zahl $N_A = 2{,}68 \cdot 10^{19} \ \frac{1}{\text{cm}^3}$.

3

ultravioletten Lichtes beschrieben hatte. Beim Photoeffekt werden freie Elektronen durch Belichtung ausgelöst. Seine ausführliche experimentelle Erforschung erfolgte durch *Ph.Lenard, J. Elster* und *H. Geitel* sowie *R. W. Pohl* (vgl. Abschn. 2.1.2.4.).

Als weiterer Weg, freie Elektronen zu gewinnen, wurde der glühelektrische Effekt bekannt, bei welchem Elektronen durch Temperaturerhöhung bzw. Glühen die Kathode verlassen (*Edison*-Effekt, 1883 (9)). Um seine Erforschung hat sich insbesondere *W. Richardson* (10) um die Jahrhundertwende verdient gemacht (vgl. Abschn. 2.1.3.1.).

Auch der Einfluß sehr hoher Feldstärken, wie sie an besonders inhomogenen Feldstellen, z. B. spitzen Kathoden, auftreten, führt zur Auslösung freier Elektronen. Diese werden durch das starke elektrische Feld, das einige Millionen Volt/cm Feldstärke aufweist, aus dem Atomverband herausgerissen. Man bezeichnet diese Erscheinung als Feldelektronenemission (vgl Abschn. 2.1.4.1.).

Diese Verfahren haben es ermöglicht, die Eigenschaften der elektrischen Elementarladung, des freien Elektrons, im Vakuum zu studieren und so ausgerüstet Vorstellungen über das Zustandekommen der elektrischen Eigenschaften zu entwickeln, die auf Wechselwirkungen zwischen Elektronen, Kristallgitter sowie inneren und äußeren elektrischen als auch magnetischen Feldern zurückgeführt werden. Hierzu bedurfte es allerdings noch einer weiteren Erkenntnis, mit der das Denkschema einer Kontinuitätstheorie wieder seine Rechte anmeldete, nämlich der Wellenmechanik *L. de Broglies* (11). Sie lieferte die Grundlage für das Verständnis von Elektroneninterferenzerscheinungen, wie sie zuerst *J. Davisson* und *H. Germer* (12) im Jahre 1927 beobachteten. Danach sind die oben genannten Wechselwirkungen durch Interferenzerscheinungen zu erklären, die das Elektron als Wellenerscheinung im Potentialgebirge des Ionen-Kristallgitters erleidet (vgl. Abschn. 1.5.2.).

## 1.2. Eigenschaften des freien Elektrons

Allen Kathodenstrahluntersuchungen war das Ergebnis gemeinsam, daß die freien Elektronen die Kathode geradlinig verlassen und in der Lage sind, von ihnen in den Weg gestellten Hindernissen Schattenbilder auf einem Leuchtschirm zu erzeugen. Sie können auch unmittelbar mechanische Arbeit leisten, indem sie ein leichtes Flügelrad in Umdrehung versetzen. Deutet man dieses Verhalten korpuskular, wie es unserem Anschauungsvermögen naheliegt, so erscheinen die Elektronen als Teilchen geringer Masse mit der negativen Elementarladung ε.

4

Als elektrisches Elementarteilchen müssen wir dem Elektron nicht nur eine Ladung, sondern auch Masse und eine räumliche Ausdehnung zusprechen. Mit der Ermittlung dieser Größen wollen wir uns nunmehr befassen.

### 1.2.1. Ladung

Zur direkten Bestimmung der elektrischen Elementarladung $\varepsilon$ und zum Nachweis ihrer Minimaleigenschaft sind eine Reihe von Verfahren entwickelt worden.

Die Grundidee dieser Messungen geht auf *J. S. Townsend* (13) und *J. J. Thomson* (14) aus dem Jahre 1898 zurück. Bei einem an Ionen kondensierten Nebel wird elektrometrisch die Gesamtladung gemessen. Nach Wägung der nach dem Niederschlag bestimmten Gesamtmasse läßt sich das Verhältnis Ladung pro Masseneinheit − genannt spezifische Ladung − bestimmen. Die Elementarladung ergibt sich nun aus der Multiplikation der Tröpfchenmasse mit der spezifischen Ladung. Die Bestimmung der Tröpfchenmasse erfolgte durch Messung der Sinkgeschwindigkeit des Nebels, d. h. der Fallgeschwindigkeit der Nebeltröpfchen im Erdfeld mit Hilfe des *Stokes*schen Widerstandsgesetzes; ein Verfahren, das von *A. H. Wilson* (15) wesentlich verbessert wurde.

Eine Präzisionsmethode wurde 1913 von *R. A. Millikan* (16) veröffentlicht (Abb. 1).

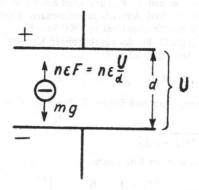

Abb. 1. Schwebekondensator nach *Millikan*

Das *Millikan*sche Verfahren beruht auf folgendem Prinzip: Kleine durch Zerstäubung von Öl erhaltene Kügelchen tragen verschieden hohe elektrische Aufladungen $Q$, die dem Zerstäubungsprozeß ihre Entstehung verdanken und sich − der Hypothese von der korpuskularen Natur der Struktur der Elektrizität nach − als ganzzahlige Vielfache (n) einer elektrischen Elementarladung ($\varepsilon$) darstellen lassen müssen ($Q = n\varepsilon$). Bringt man ein solches Kügelchen zwischen die beiden − im Abstand $d$ horizontal verlaufenden − Platten eines Schwebekondensators, so kann man die am Kügelchen angreifende Schwerkraft $mg$ ($m$ Masse des Kügelchens, g Erdbeschleunigung) durch Anlegen einer elektrischen Spannung $U$ an den Kondensator mit Hilfe der dann im Felde $F = U/d$ am Kügelchen angreifenden, elektrischen Kraft $K_{el} = QF = n\varepsilon F$ kompensieren, so daß das Kügelchen im Kondensator schwebt. Aus der Gleichheit der Kräfte ergibt sich folgende Beziehung zur Berechnung der Ladung $Q$ des im Schwebezustand befindlichen Kügelchens:

$$Q = mgd/U. \qquad [3]$$

Die Ladungsbestimmung setzt allerdings die Kenntnis der Masse $m$ des Kügelchens voraus. Letztere hat *Millikan* nach dem Vorgang *Wilsons* unter Zuhilfenahme des *Stokes*schen Widerstandgesetzes ermittelt, nach dem für den Fall kugelförmiger Körper im widerstrebenden Mittel (z. B. in Luft) die Größe der Reibungskraft $K_R$ berechnet werden kann. Bezeichnen wir nämlich mit $\eta$ den Reibungskoeffizienten des widerstrebenden Mittels, mit $r$ den Radius des Kügelchens und mit $v$ die Fallgeschwindigkeit, so gilt:

$$K_R = 6\pi\eta r v. \qquad [4]$$

Infolge des Auftretens dieser der Fallgeschwindigkeit proportionalen Reibungskraft beobachtet man im Schwebekondensator nach Abschalten der Spannung $U$, wie die zunächst wachsende Fallgeschwindigkeit bald einen konstanten Wert annimmt, d. h., daß keine Beschleunigung mehr auftritt. Dies kommt dadurch zustande, daß die Reibungskraft am Kügelchen die Differenz der aus dessen Gewicht und Auftrieb resultierenden Kräfte kompensiert. Wiederum ermöglicht uns die Gleichheit von Kräften einen Gleichungsansatz. Verstehen wir unter $\varrho$ die Dichte des kugelförmigen Körpers und unter $\varrho_w$ die des widerstrebenden Mittels, so folgt:

$$6\pi\eta r v = \frac{4}{3}\pi r^3 g(\varrho - \varrho_w). \qquad [5]$$

Aus dieser Beziehung ergibt sich für den Radius $r$ des Kügelchens:

$$r = 3\sqrt{\frac{\eta v}{2g(\varrho - \varrho_w)}}, \qquad [6]$$

und damit für die Masse $m$ des Kügelchens:

$$m = \frac{4}{3}\pi\varrho r^3 = \frac{9\pi\sqrt{2}}{\sqrt{\varrho}}\left[\frac{\eta v}{g\left(1 - \dfrac{\varrho}{\varrho_w}\right)}\right]^{3/2}. \qquad [7]$$

Nunmehr erhält man die Tröpfchenladung $Q$ aus Gleichung [3], in die der aus Gleichung [7] folgende Wert der Masse $m$ einzusetzen ist. Als im Schwebe-

6

kondensator zu messende Größen gehen dabei die Schwebespannung $U$ und die konstante Fallgeschwindigkeit im widerstrebenden Mittel $v$ ein.

Bei sämtlichen erörterten Verfahren gilt es, die experimentell bestimmten Tröpfchenladungen als ganzzahliges Vielfaches einer kleinsten Teilladung darzustellen. Diese kleinste Teilladung ist der Wert der gesuchten Elementarladung ε.

Bestimmungen der elektrischen Elementarladung wurden auch mit Hilfe des radioaktiven Zerfalls durchgeführt, und zwar an α-Teilchen, von denen man bereits wußte, daß jedes Teilchen die zweifache Elementarladung trägt. Diese Verfahren beruhen auf der Zählung der Teilchenzahl und der elektrometrischen Messung ihrer Gesamtladung. *E. Rutherford* und *H. Geiger* (17) zählen die in einem bekannten räumlichen Winkel fliegenden α-Teilchen durch das Zucken eines Elektrometerfadens, *E. Regener* (18) mit Hilfe von Szintillationsbeobachtungen.

In Tab. 1 sind die von den genannten Autoren erhaltenen Werte für ε zusammengestellt unter Hinzufügung der Meßwerte von *R. A. Millikan* (19) und *F. G. Dunnington* (20).

Tab. 1. Bestimmung der elektrischen Elementarladung

| Name | Jahr | Elementarladung (elst. E) |
|---|---|---|
| *Townsend* | 1898 | $2,4-3,1 \cdot 10^{-10}$ |
| *Thomson* | 1898 | $3,4 \cdot 10^{-10}$ |
| *Wilson* | 1903 | $3,6-4,7 \cdot 10^{-10}$ |
| *Rutherford* | 1908 | $4,65 \cdot 10^{-10}$ |
| *Regener* | 1909 | $4,79 \cdot 10^{-10}$ |
| *Millikan* | 1913 | $4,77 \cdot 10^{-10}$ |
| | 1938 | $(4,796 \pm 0,005) \cdot 10^{-10}$ |
| *Dunnington* | 1939 | $(4,8025 \pm 0,0007) \cdot 10^{-10}$ |
| UIP-Doc. 11 | | |
| (SUN 65−3) | 1965 | $(4,80298 \pm 0,00020) \cdot 10^{-10}$ |

Als gegenwärtig am besten in Übereinstimmung mit anderen universellen Konstanten stehender Wert des elektrischen Elementarquantums gilt:

$$\varepsilon = (1,60210 \pm 0,00007) \cdot 10^{-19} \, C. \qquad [8]$$

Um sich von der Kleinheit der Elementarladung einen Begriff zu machen, muß man bedenken, daß die Schreibweise im praktischen Maßsystem bedeutet: Wenn ein Elektron je Sekunde durch den Querschnitt einer Leitung fließt, entspricht dies einer Stromstärke von $1,60 \times 10^{-19}$ Ampere.

## 1.2.2. Masse und spezifische Ladung

Die Ermittlung der Masse $m_\varepsilon$ des Elektrons geschieht indirekt über die Bestimmung der spezifischen Ladung, d. h. der Ladung je Masseneinheit $\varepsilon/m_\varepsilon$, die aus der Ablenkung von Kathodenstrahlen in elektrischen und magnetischen Feldern bestimmt wird. Läßt man nämlich einen Kathodenstrahl im Vakuum einen Plattenkondensator von der Länge $x$ durchfliegen, in welchem die Feldstärke $F$ herrscht, so erleidet der Elektronenstrahl eine Ablenkung, die beim Austritt aus dem Feld den Betrag $y$ erreicht (Abb. 2a). Ein einzelnes Elektron erfährt dabei eine Beschleunigung $b$, die sich mit Hilfe der Elektronenmasse $m_\varepsilon$ errechnet zu:

$$b = \frac{\varepsilon}{m_\varepsilon} F \, . \qquad [9]$$

Der Vorgang entspricht der Bewegung eines horizontal im Schwerefeld geworfenen Körpers. Wir können daher zur Berechnung des „Fall"-weges $y$ die bekannten Beziehungen (Fallgesetze) für die gleichförmig beschleunigte Bewegung heranziehen. Aus ihnen folgt:

$$y = \frac{1}{2} b t^2 = \frac{1}{2} \frac{\varepsilon}{m_\varepsilon} F t^2 \, . \qquad [10]$$

Besitzen die Elektronen des Strahls in Richtung der Längsachse des Kondensators die Geschwindigkeit $v$, so ergibt sich ihre Verweilzeit $t$ im Feld und damit auch ihre Fallzeit zu: $t = x/v$. Für die spezifische Ladung liefert dann die Gleichung [10]:

$$\frac{\varepsilon}{m_\varepsilon} = \frac{2 y v^2}{F x^2} \, . \qquad [11]$$

Auch in einem Magnetfeld wird ein Kathodenstrahl abgelenkt. In einem Magnetfeld, dessen Kraftlinien senkrecht zur Geschwindigkeit der Elektronen stehen, erfährt der Elektronenstrahl eine Krümmung (Abb. 2b). Bei den angenommenen Feld- und Bewegungsrichtungen umgibt den Elektronenstrahl ein Magnetfeld mit kreisförmigen Feldlinien, die das konstante äußere Magnetfeld im gezeichneten Fall oberhalb des Elektronenstrahls verstärken, unterhalb aber schwächen. Der Strahl weicht dann nach Stellen geringerer Felddichte aus, d. h. er wird gekrümmt. Das mechanische Analogon hierzu ist in der Strömungslehre die Überlagerung einer laminaren (parallele Strömungslinien) mit einer zirkularen (kreisförmige Strömungslinien) Strömung, wie sie beim Flugzeug zur Erzielung eines Auftriebs und beim Flettner-Rotor zur Erzeugung einer Antriebskraft verwendet wird. Entsprechend der Änderung der Felddichte im magnetischen Fall ändert sich im aero- bzw. hydrodynamischen die Dichte der Strömungslinien und verursacht so ein Druckgefälle.

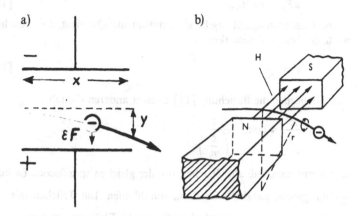

Abb. 2. Ablenkung eines bewegten Elektrons durch transversale Felder

a) im elektrischen Feld

b) im magnetischen Feld

Nach dem *Biot-Savart*schen Gesetz beträgt im magnetischen Fall die auf ein Elektron wirkende Kraft: $\varepsilon v H$, wobei $H$ die magnetische Feldstärke bedeutet. Nach dem *Newton*schen Grundgesetz der Dynamik wird dieser Kraft in jedem Punkt der Bahn durch eine Trägheitskraft, in unserem Fall durch die Zentrifugalkraft, das Gleichgewicht gehalten. Verstehen wir unter $r$ den Krümmungsradius der Bahn, so folgt aus unseren Überlegungen die Gültigkeit der Gleichung:

$$\frac{m_\varepsilon v^2}{r} = \varepsilon v H,$$ [12]

woraus sich für die spezifische Ladung ergibt:

$$\frac{\varepsilon}{m_\varepsilon} = \frac{v}{eH}.$$ [13]

Eine Kombination beider Ablenkungsverfahren liefert eine besonders elegante Methode zur Bestimmung der Elektronengeschwindigkeit. Weil dabei die Kraftlinien der beiden Felder senkrecht aufeinander stehen, bezeichnet man dieses Verfahren auch als die „Methode der gekreuzten Felder". Man wählt dabei die Stärke der Felder ($F_0, H_0$) so, daß sich die durch sie hervorgerufenen Ablenkungen gerade aufheben.

Dann sind die durch die Felder auf das Elektron ausgeübten Kräfte einander gleich:

$$\varepsilon F_0 = \varepsilon v H_0 . \qquad [14]$$

Die Geschwindigkeit ergibt sich mithin als Quotient der Absolutwerte der beiden Feldstärken:

$$v = \frac{F_0}{H_0} . \qquad [15]$$

Schreibt man die Beziehung [11] in einer anderen Gestalt:

$$\frac{x^2}{y} = \text{const.} \cdot \frac{1}{\left( \dfrac{\varepsilon}{m_\varepsilon} \right)} , \qquad [16]$$

so erkennt man, daß alle Teilchen mit der gleichen spezifischen Ladung $\dfrac{\varepsilon}{m_\varepsilon}$ die gleiche parabolische Bahn durchlaufen. Ein Teilchen mit der n-fachen Ladung und der n-fachen Masse des Elektrons ist demnach in seinem Verhalten von einem Elektron nicht zu unterscheiden. Umgekehrt beschreiben die Teilchen gleicher Ladung aber verschiedener Masse und solche gleicher Masse aber verschiedener Ladung andere Bahnparabeln.

Entsprechendes gilt von dem Krümmungsradius der Bahn im Magnetfeld, wie man erkennt, wenn man [13] umschreibt in:

$$r = \frac{v}{H} \cdot \frac{1}{\left( \dfrac{\varepsilon}{m_\varepsilon} \right)} . \qquad [17]$$

Dieses Verhalten hat in seiner Anwendung auf Ionenstrahlen zur Konstruktion von „Massenspektrographen" geführt, die einen Ionenstrahl aus Teilchen verschiedener Masse fächerartig als Funktion der Teilchenmasse aufspalten und ein wichtiges Hilfsmittel der Isotopenforschung geworden sind.

Die genaueste Angabe des Wertes für die spezifische Ladung eines Elektrons geht auf F. D. Dunnigton (20) zurück:

$$\frac{\varepsilon}{m_\varepsilon} = (1{,}758796 \pm 0{,}000019) \cdot 10^8 \, \text{Cg}^{-1} . \qquad [18]$$

Man rechnet gewöhnlich mit dem Wert:

$$\frac{\varepsilon}{m_\varepsilon} = 1{,}76 \cdot 10^8 \, \text{Cg}^{-1} . \qquad [19]$$

10

Aus den nunmehr bekannten Werten für die Elementarladung[8]und für die spezifische Ladung [19] des Elektrons läßt sich durch Division die Elektronenmasse ermitteln.

Es ergibt sich:

$$m_\varepsilon = (9{,}1091 \pm 0{,}0004) \cdot 10^{-28} \, \text{g} \, . \qquad\qquad [20]$$

Dies ist die sogenannte „Ruhemasse" des Elektrons. Der experimentelle Befund hat nämlich ergeben, daß die Elektronenmasse von der Geschwindigkeit abhängt. Bei wachsender elektrischer Feldkraft setzen die Elektronen einer weiteren Beschleunigung einen um so höheren Trägheitswiderstand entgegen, je mehr sich ihre Geschwindigkeit $v$ der Lichtgeschwindigkeit $c$ nähert, wie *W. Kaufmann* (21) im Jahre 1902 gezeigt hat. Die Abhängigkeit ihrer trägen Massen von der Geschwindigkeit wird durch die Beziehung wiedergegeben:

$$m_{\varepsilon(v)} = \frac{m_\varepsilon}{\sqrt{1 - \dfrac{v^2}{c^2}}} \, . \qquad\qquad [21]$$

Für $v \ll c$ wird $v^2/c^2 \approx 0$, so daß $m_{\varepsilon(v)}$ den Wert der Ruhemasse $m_\varepsilon$ annimmt. Weil wir es im folgenden in der Regel mit Elektronengeschwindigkeiten zu tun haben, die klein gegen die Lichtgeschwindigkeit sind, können wir demnach die Geschwindigkeitsabhängigkeit vernachlässigen und mit der Ruhemasse $m_\varepsilon$ rechnen.

Die Beziehung [21] läßt sich mit Hilfe der *Einstein*schen speziellen Relativitätstheorie ableiten. Eine wesentliche Aussage dieser Theorie ist, daß jede Energie träge Masse besitzt und umgekehrt jede träge Masse eine Zusammenballung von Energie darstellt (22). Bezeichnen wir mit $E$ die Energie und mit $m_{\varepsilon(v)}$ die bewegte träge Masse (hier speziell eines Elektrons), so gilt:

$$E = m_{\varepsilon(v)} \, c^2 \, . \qquad\qquad [22]$$

Einen Energiezuwachs $\mathrm{d}E = c^2 \, \mathrm{d}m_{\varepsilon(v)}$ erfährt ein Elektron auf dem Weg $\mathrm{d}s$, wenn eine Kraft $P = \dfrac{\mathrm{d}(m_{\varepsilon(v)} v)}{\mathrm{d}t}$ auf es einwirkt. Es ergibt sich dann:

$$\mathrm{d}E = P \, \mathrm{d}s = \frac{\mathrm{d}(m_{\varepsilon(v)} v)}{\mathrm{d}t} \, \mathrm{d}s = m_{\varepsilon(v)} \frac{\mathrm{d}v}{\mathrm{d}t} \, \mathrm{d}s + \frac{\mathrm{d}m_{\varepsilon(v)}}{\mathrm{d}t} \, v \, \mathrm{d}s = c^2 \, \mathrm{d}m_{\varepsilon(v)} \quad [23]$$

oder:

$$c^2 \, \mathrm{d}m_{\varepsilon(v)} = m_{\varepsilon(v)} \, v \, \mathrm{d}v + v^2 \, \mathrm{d}m_{\varepsilon(v)} \, . \qquad\qquad [24]$$

Daraus folgt für $m_{\varepsilon(v)}$ nach Trennung der Veränderlichen:

$$\frac{dm_{\varepsilon(v)}}{m_{\varepsilon(v)}} = -\frac{1}{2}\frac{d\left(-\frac{v^2}{c^2}\right)}{1 - \frac{v^2}{c^2}}$$

mithin

$$m_{\varepsilon(v)} = \frac{m_\varepsilon}{\sqrt{1 - \frac{v^2}{c^2}}}, \qquad\qquad [25]$$

in Übereinstimmung mit [21]. Die Größe $(m_{\varepsilon(v)} - m_\varepsilon)$ bezeichnet man als „relativistische Massenkorrektur".

Wenn man berücksichtigt, daß die *Faraday*sche Konstante (vgl. S. 2) ihrer Definition gemäß mit der spezifischen Ladung von N Wasserstoffatomen identisch ist, so läßt sich in der gleichen Weise wie für das Elektron auch die Masse des Wasserstoffatoms $m_H$ berechnen:

$$m_H = (1{,}67343 \pm 0{,}00008) \cdot 10^{-24}\,g. \qquad\qquad [26]$$

Aus [20] und [26] folgt, daß das Elektron nur den 1837sten Teil der Masse des Wasserstoffatoms, des leichtesten chemischen Elementes, das wir kennen, besitzt.

## 1.2.3. Räumliche Ausdehnung

Über die räumliche Ausdehnung des elektrischen Elementarquantums läßt sich nur unter zwei hypothetischen Annahmen eine Aussage gewinnen. Die erste bezieht sich auf die Gestalt. Hier liegt es nahe, von einer Kugel auszugehen, auf deren Oberfläche die Ladung gleichmäßig verteilt ist. Die potentielle Energie $\left[\text{Ladung}^2/\text{Kapazität} = \dfrac{\varepsilon^2}{C}\right]$ des kugelförmigen Elektrons soll − und das ist die zweite Annahme − gemäß der relativistischen Beziehung [22] mit der Elektronenruhemasse $m_\varepsilon$ [20] verknüpft sein.

Die Größe des Elektrons ist dann durch seinen Radius $r_\varepsilon$ gegeben. Bedenken wir noch, daß die Kapazität $C$ einer Kugel gleich ihrem Radius ($r_\varepsilon$ im vorliegenden Fall) ist, so gewinnen wir die Beziehung:

$$\frac{\varepsilon^2}{r_\varepsilon} = m_\varepsilon c^2 \quad \text{bzw.} \quad r_\varepsilon = \frac{1}{m_\varepsilon}\left(\frac{\varepsilon}{c}\right)^2. \qquad\qquad [27]$$

Durch Einsetzen der Werte von $\varepsilon$ und $m_\varepsilon$ gemäß [8] (in e.st.Einh.) und [20] sowie von $c = 3 \cdot 10^{10}$ cm/s ergibt sich für den Radius des Elektrons:

$$r_\varepsilon = (2{,}81777 \pm 0{,}00011) \cdot 10^{-13}\,\text{cm}\,. \qquad [28]$$

Zum Vergleich sei gegenübergestellt:

Radius des Atoms: $10^{-8}\,\text{cm}$;

Radius des Atomkerns: $10^{-12}\,\text{cm}$.

Die Größenordnung des Elektronenradius fügt sich mithin gut in die Modellvorstellung vom atomaren „Planetensystem" ein.

### 1.2.4. Wellennatur

Bei der Untersuchung der Reflexion von Elektronenstrahlen an Nickeleinkristallen beobachteten *J. Davisson* und *H. Germer* (12) im Jahre 1927 Erscheinungen, die sich in keiner Weise mit der korpuskularen Natur des Elektrons erklären ließen. Es zeigte sich nämlich, daß nicht etwa, wie man es von einem Teilchenstrahl erwarten mußte, eine definierte Reflexionsrichtung nach dem bekannten Reflexionsgesetz vorhanden war, sondern daß die Elektronen gesetzmäßig gestreut wurden und die Streuintensität deutliche Maxima und Minima in Abhängigkeit von der Richtung aufwies. Die Erscheinung ähnelte völlig Beugungserscheinungen, wie man sie beispielsweise bei Röntgenstrahlen beobachtet, deren Wellennatur von *M. von Laue* sichergestellt ist. Man sah sich daher zu dem Schluß gezwungen, auch dem Elektron den Charakter einer Welle zuzusprechen. Damit war die experimentelle Grundlage für die Entwicklung der sogenannten „Wellenmechanik" gegeben. In demselben Maße aber, wie uns die Wellenvorstellung neue Eigenschaften des Elektrons erschließt, verwischt sie uns das korpuskulare Bild.

Die „anschaulichen" Modellvorstellungen von Korpuskel einerseits und Welle andererseits versagen. Denn, wie es *C. F. von Weizsäcker* (23) einmal formuliert hat, bedeutet die Vorstellung „Korpuskel" eine Lokalisierung der Energie an bestimmten Stellen des Raumes, hingegen die Vorstellung „Welle" eine kontinuierliche Verteilung der Energie über den gesamten Raum. Beides kann nicht gleichzeitig bestehen. Die beiden anschaulichen Modellvorstellungen schließen sich, logisch gesehen, wechselseitig aus. Dabei ist der Begriff „anschaulich" verwendet als „beschreibbar im Rahmen der dreidimensionalen räumlichen und eindimensionalen zeitlichen Anschauungsformen a priori im Sinne der *Kant*schen Philosophie". Offenbar ist die Natur komplizierter, als es unsere raumzeitlichen Erkenntnismittel unserer inneren Anschauung zum Bewußtsein bringen können, so daß wir uns damit abfinden müssen, daß die im obigen Sinne „nicht-anschaulichen" Elektronen sich unter vielen Versuchsbedingungen wie Teilchen, unter anderen ebenso wichtigen wie Wellen verhalten. Das letztere ist immer dann der Fall, wenn ein Elektron Gebiete durchläuft (z. B. Kristallgitter), in denen sich elektrische Potentiale periodisch in Abständen von der Größenordnung der Wellenlänge ändern, die man dem Elektron entsprechend seiner jeweiligen Energie zuordnen muß. Dann treten stets Beugungs- und Interferenzerscheinungen auf, die ein vom Teilchencharakter völlig abweichendes Verhalten bedingen (vgl. Abschn. 1.5.2.1.).

Für die Zuordnung der Wellenlänge $\lambda_\varepsilon$ zur Energie des Elektrons (vgl. Abschn. 1.5.2.1., Gl. [116]) läßt sich die einfache Beziehung angeben:

$$\lambda_\varepsilon = \sqrt{\frac{150}{U_{(Volt)}}} \cdot 10^{-8}\,cm\,. \qquad [29]$$

Darin bedeutet $U$ das Potentialgefälle in Volt, welches das Elektron bei seiner Energieaufnahme durchlaufen hat. Man erkennt, daß für Spannungen der gebräuchlichen Größenordnung die Wellenlänge einige Angström-Einheiten (1 Angström = $10^{-8}$ cm = 0,1 nm) beträgt, wie sie weichen Röntgenstrahlen entspricht.

Für unsere weiteren Betrachtungen ist die wichtigste Erscheinung der sogenannte „wellenmechanische Tunneleffekt". Wenn ein elektrisch geladenes Teilchen, das durch das Durchlaufen eines bestimmten Potentialgefälles eine gewisse Bewegungsenergie erhalten hat, plötzlich in ein sehr starkes Gegenfeld gerät, so wird es seine Bewegungsrichtung umkehren, d. h. es wird reflektiert werden. Handelt es sich jedoch um eine Welle, so wird die gleiche Erscheinung als Totalreflexion beschrieben (Abb. 3). Dabei dringt jedoch ein – wenn auch sehr kleiner – Anteil der Welle (b in Abb. 3) durch das Gegenfeld hindurch, und zwar um so

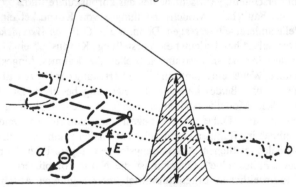

Abb. 3. Verhalten einer Elektron-Materiewelle
gegenüber einer Potentialschwelle

mehr, je schmäler das Gebiet des Gegenfeldes ist. Auf das Elektron übertragen bedeutet dies, daß es einigen Elektronen gelingt, sperrende Felder zu durchqueren. Sie untertunneln gewissermaßen die Potentialgebirge infolge ihrer Welleneigenschaften, während sie als Teilchen gezwungen wären, sie zu übersteigen. Daher die Bezeichnung „Tunneleffekt" (vgl. Abschn. 1.5.2.2.).

Die Dualität in der Verhaltensweise des Elektrons kommt auch in der Wellenmechanik von *E. Schrödinger* (24) zum Ausdruck, in der z. B. die Diskontinuität der im *Bohr*schen Atommodell erlaubten Bahnen auf das diskontinuierliche Eigenwertspektrum der „Schrödingergleichung", einer Differentialgleichung 2. Ordnung, zurückgeführt wird (vgl. Abschn. 1.5.2.1.). Dort gelingt es nämlich auch nicht, die korpuskularen Vorstellungen deckungsgleich an das Bild einer Welle anzuschließen (vgl. *H. Teichmann* (25)), weder über den Begriff des „Wellenpaketes" – einer Überlagerung von Wellenzügen eines schmalen Frequenzbereiches – noch durch die Annahme, daß die Schwingungsamplitude in der Schrödingergleichung die Bedeutung des Quadrates der elektrischen Ladungsdichte besitzt.

Nicht unerwähnt darf bleiben, daß es außer den negativen Elektronen solche mit positiver Ladung (Positronen) gibt, deren Existenz bereits im Jahre 1932 von *P. A. M. Dirac* (26) in seiner relativistischen Theorie des Elektrons gefordert wurde und die unter anderem beim künstlich hervorgerufenen radioaktiven Zerfall in größerer Menge auftreten. Sie besitzen jedoch in Gegenwart von Materie nur eine sehr geringe Lebensdauer und spielen für das Zustandekommen der makroskopisch wahrnehmbaren, elektrischen Erscheinungen, die wir gegenwärtig unter der Bezeichnung „Elektronik" zusammenfassen, keine Rolle (vgl. *W. Finkelnburg* (27)).

## 1.2.5. Drall, magnetisches Moment

Das Teilchenbild des Elektrons erlaubt noch zwei Parameter anschaulich unterzubringen, die erforderlich sind, um sein Verhalten als Baustein des Atoms zu erklären. Denkt man sich nämlich das kugelförmige Elektron rotierend, d. h. eine Kreiselbewegung ausführend, so besitzt es sowohl ein mechanisches Impulsmoment, einen Drall, als auch ein magnetisches Moment. Die Größe des Dralls konnten *S. Goudsmit* und *G. E. Uhlenbeck* (28) an das *Planck*sche Wirkungsquantum h = (6,6256 ± 0,0005) · $10^{-27}$ erg s anschließen. *J. W. Nicholson* hatte erkannt, daß das *Planck*sche Wirkungsquantum seiner Dimension nach auch das Quant eines Dralls oder Drehimpulses darstellt, das man zweckdienlicherweise als h/2π ansetzt. Je nach dem Umdrehungssinn des Elektrons bezeichnen *Goudsmit* und *Uhlenbeck* den Elektronendrall, den sie „Spin" benannten, mit der Spinquantenzahl $s_1$ bzw. $s_2$:

$$s_{1,2} = \pm \frac{1}{2} \frac{h}{2\pi} = \pm \hbar/2. \qquad [30]$$

Sie erreichten durch diesen Ansatz, daß der Übergang der einen Umdrehungsrichtung in die andere gerade durch Hinzufügen oder Abziehen eines Drehimpulsquantums (Quantensprung 1) erfolgt.

Die numerische Größe des Elektronenspins ist:

$$s = \frac{h}{4\pi} = (5{,}2725 \pm 0{,}00002) \cdot 10^{-28} \, \mathrm{erg \, s}. \qquad [31]$$

Mit der Einführung des Elektronenspins und seiner Quantennatur gelang es, die Alkalispektren zu erklären, deren Mannigfaltigkeit größer ist, als das *Bohr*sche Atommodell erwarten ließ.

Das mit dem Elektronenspin durch die Rotation der elektrischen Ladung entstehende magnetische Moment $\mu_B$ wurde zu:

$$\mu_B = (9{,}2732 \pm 0{,}0006) \cdot 10^{-21} \, \mathrm{erg \, G^{-1}} \qquad [32]$$

ermittelt. Diese elementare Größe des Magnetismus wird *Bohr* zu Ehren als *Bohr*sches Magneton bezeichnet.

### 1.2.6. Elektrizitätsstruktur

Die Frage nach der Struktur der Elektrizität wird dahingehend beantwortet, daß eine elektrische Elementarladung ε existiert, die man sich entweder korpuskular als an ein rotierendes Kügelchen vom Radius $r_\varepsilon$ [28], der Masse $m_\varepsilon$ [20], mit dem Spin $s$ [31] und dem magnetischen Moment $\mu_B$ [32] gebunden vorstellen, oder die man sich mit einer Wellenerscheinung der Wellenlänge $\lambda_\varepsilon$ [29] verknüpft denken kann. Die Frage nach dem Urphänomen „elektrische Ladung" bleibt unbeantwortet, sie ist aber weit in den Mikrokosmos hinein verschoben.

### 1.3. Elektrische Erscheinungen als Elektronenvorgänge

#### 1.3.1. Die metallische Leitung

Die elektrolytische Leitung, deren Gesetzmäßigkeiten, wie wir oben gesehen haben, dazu führen, die Existenz einer elektrischen Elementarladung zu vermuten, ist dadurch gekennzeichnet, daß mit dem Ladungstransport ein Materietransport verknüpft ist. Dies ist auch der

Grund dafür, daß die Gesetzmäßigkeiten der elektrolytischen Leitung viel früher erkannt wurden als die der metallischen. Denn bei der metallischen Leitung ist kein Materietransport nachzuweisen. Sie kann daher nur durch Teilchen verschwindend kleiner Masse verursacht werden und ist deshalb auch schwerer erforschbar.

Nachdem die Existenz der elektrischen Elementarladung und damit von Elektronen nachgewiesen war, lag es nahe, diese als Träger der Elektrizität bei der metallischen Leitung anzunehmen. Man mußte dabei voraussetzen, daß sich die Elektronen innerhalb des Kristallgitters quasi-frei, d. h. weitgehend ohne Behinderung, bewegen können. Wenn diese Annahme zu Recht besteht, muß es möglich sein, die Natur der Träger durch ihr Verhalten bei einer ruckartigen Bewegung eines metallischen Leiterstückes nachzuweisen.

Dies ist *C. R. Tolman* und seinen Mitarbeitern (29) gelungen. Sie ließen eine flache Spule rasch rotieren und hielten sie ruckartig an. Dann mußten sich die im Metall frei beweglichen Ladungsträger infolge ihrer Trägheit gegenüber dem Kristallgitter des auf die Spule gewickelten Metalldrahtes kurzzeitig verschieben und den Anlaß zu einem Stromstoß geben.

In Abb. 4 ist die *Tolman*sche Versuchsanordnung schematisch wiedergegeben. Zur Vermeidung von Meßfehlern, wie sie bei der Kontaktgabe zwischen Schleifringen und federnden Elektroden auftreten können, erhielt die rotierende Spule eine ca. 20 m lange Zuleitung, die zusammengedrillt werden konnte. Diese führte in Reihenschaltung zu einer zweiten

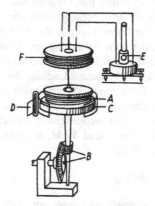

Abb. 4. *Tolman*scher Versuch zur Bestimmung der Natur der Ladungsträger
bei der metallischen Leitung (schematisch)
A rotierende Spule; F Kompensations-Spule;
C Bremstrommel; D Bremsband; E ballistisches Drehspulgalvanometer

gleichgroßen, aber feststehenden Spule und zu einem ballistischen Spiegelgalvanometer. Die zweite Spule diente der Kompensation von Störfeldern. Die Meßspule konnte durch eine Bremsvorrichtung ruckartig angehalten werden.

Zunächst nehmen die Elektronen bei der Rotation die Geschwindigkeit $v$ des Kristallgitters an. Beim Abbremsen mit der Bremszeit $t$ erleiden sie eine Verzögerung $-\dfrac{v}{t}$, der sie einen Trägheitswiderstand $-m_\varepsilon \dfrac{v}{t}$ entgegensetzen. Sie verursachen dadurch einen Stromstoß $i \cdot t$, der vom ballistischen Meßinstrument angezeigt wird. Der Elektronenstrom $-i$ bewirkt einen Spannungsabfall $U = -i \cdot R$ im Leiterkreis, wobei $R$ dessen Widerstand bedeutet. Dadurch wiederum tritt im Leiter die Feldstärke $F = U/l$ auf mit $l$ als Länge der Wicklung der rotierenden Spule. Diese Feldstärke übt auf die einzelnen Elektronen die Kraft $\varepsilon \cdot F$ aus und wirkt der Verschiebung der Elektronen entgegen. Die Elektronen können sich also nur so lange weiterbewegen, bis Feldkraft und Trägheitswiderstand sich an jedem das Gleichgewicht halten. Dann ist:

$$\varepsilon \cdot \frac{U}{l} = \varepsilon \frac{-i \cdot R}{l} = -m_\varepsilon \frac{v}{t} \qquad [33]$$

oder:

$$\frac{\varepsilon}{m_\varepsilon} = \frac{l v}{R i t}. \qquad [34]$$

In der Gleichung [34] treten nur Größen auf, die der Messung zugänglich sind, nämlich die Tangentialgeschwindigkeit $v$ der rotierenden Spule, die Länge der Spulenwicklung $l$, ihr elektrischer Widerstand $R$ sowie die Größe $i \cdot t$, die vom Ausschlag des ballistischen Meßinstruments angegeben wird, das überdies durch die Richtung des Ausschlages auf das Vorzeichen der elektrischen Ladung der Träger (Elektronen) schließen läßt. Aus der Beziehung [34] ergibt sich die spezifische Ladung der Träger. Die Versuchsergebnisse *Tolmans* zeigen, daß sie identisch mit der des Elektrons ist. Bei weitgehender Ausschaltung von Fehlerquellen erhielten C. R. *Tolman* und W. M. *Mott-Smith* (30) in Übereinstimmung mit [19] den Wert:

$$\frac{\varepsilon}{m_\varepsilon} = 1,76 \cdot 10^8 \, \mathrm{C\,g^{-1}}.$$

Es ist damit experimentell nachgewiesen, daß die Elektronen die Träger der metallischen Leitfähigkeit sind.

Eine weitere Stütze dieser Tatsache bildet die Beobachtung S. J. *Barnetts* (31), daß man bei einer raschen Schüttelbewegung eines Metallstücks ein schwankendes Magnetfeld wahrnehmen kann, das davon herrührt, daß sich die Elektronen dabei schneller bewegen als die positiven Atomreste des Metallgitters, deren Ladungen sie im Ruhezustand oder im Zustand der gleichförmigen Bewegung gerade kompensieren.

Diese Versuchsergebnisse untermauern die *Drude*sche Hypothese vom Jahre 1900, daß sich die Leitungselektronen frei wie ein Gas im Kristallgitter des Leiters bewegen, während die Atome als positive Ionen an ihrem Platz im Gitter gebunden sind und nur mehr oder weniger starke, thermisch bedingte Schwingungen um ihre Ruhelagen ausführen. Unter dem Einfluß eines elektrischen Feldes bewegen sich die Elektronen in der durch die Feldstärke gewiesenen Richtung und bilden dabei den elektrischen Strom. In ihrer Bewegung werden sie durch die Wärmeschwingungen der Atome behindert, was verkleinernd auf die Strecke, die sie frei durchlaufen können (*mittlere freie Weglänge*), wirkt. Nach außen macht sich dieses Verhalten als Erhöhung des Widerstandes der Metalle mit wachsender Temperatur bemerkbar und erklärt so den positiven Temperaturkoeffizienten des Widerstandes von Metallen.

Die spezifischen Unterschiede in der Leitfähigkeit verschiedener Metalle sind einmal auf die strukturell bedingte verschiedene freie Weglänge, dann aber auf Unterschiede in der Zahl freier Elektronen, d. h. der Elektronenkonzentration, zurückzuführen. Die mittlere freie Weglänge der Elektronen in Metallen liegt in der Größenordnung von 100 Atomabständen, d. h. von etwa 10 µm.

Bei den Zusammenstößen, welche die Elektronen nach dem Durchlaufen der mittleren freien Weglänge mit den Metallatomen erleiden, geben sie einen Teil ihrer aus dem elektrischen Feld gewonnenen Bewegungsenergie an diese ab, so daß sich deren Schwingungsamplituden vergrößern. Auch dieser Energieaustausch geschieht quantenhaft in Gestalt von Schallquanten (*Phononen*), worauf in Abschnitt 1.4.2.9. näher eingegangen wird. Makroskopisch wird diese Energiezunahme des Metalls als Wärme wahrgenommen und ist unter der Bezeichnung *Joule*sche Wärme oder Stromwärme bekannt.

Ihre Proportionalität mit dem Quadrat der Stromstärke läßt sich durch folgende Überlegung plausibel machen. Die Anzahl der thermischen Stöße ist proportional sowohl der Anzahl der stoßenden als der gestoßenen Partner. Die beiden Anzahlen sind aber einander gleich, nämlich auf das Volumen bezogen gleich der Elektronenkonzentration, wenn man die experimentell begründete Annahme macht, daß jedes Atom im Metallgitter ein Elektron für die Elektrizitätsleitung zur Verfügung stellt. Die Stromwärme ist mithin dem Quadrat der Elektronenkonzentration und damit dem Quadrat der Stromstärke proportional, da letztere linear von der Elektronenkonzentration abhängt.

Große Schwierigkeiten bereitete der Elektronengashypothese lange Zeit die Tatsache, daß die Elektronen andererseits nur wenig am Austausch von reiner Wärmeenergie beteiligt sind. Denn man hatte vermutet, daß sie einen recht wesentlichen Beitrag zur spezifischen Wärme liefern müßten, zumal ihre Zahl in der gleichen Größenordnung liegt wie die Zahl der Metallatome. Dem experimentellen Befund, daß der Elektronenwärmeanteil weder als zusätzliche Aufnahme noch Abgabe von Wärmeenergie nachweisbar war, konnte man erst gerecht werden, als man ähnliche Anomalien hinsichtlich des Wärmeaustausches mit dem Kristallgitter-Wärmeanteil an allen Substanzen bei sehr tiefen Temperaturen in der Nähe des absoluten Nullpunktes feststellen konnte. Dies führte zu der Annahme, daß sich die Elektronen infolge ihrer geringen Masse auch bei normalen Temperaturen in einem solchen entarteten Zustand befinden, daß ihre Bewegungen innerhalb des Kristallgitters nahezu unabhängig von der Temperatur verlaufen. Ihr Entartungszustand wird erst bei einer Temperatur der Größenordnung von $10^{4°}$ überwunden werden können (vgl. Abschn. 1.4.2.7.). Solche hohe Temperaturen sind jedoch für die praktische Elektronik noch ohne Bedeutung.

Da die Atome als Gitterbausteine um feste Ruhelagen schwingen und keine Zusammenstöße miteinander erleiden, muß auch der Transport von Wärmeenergie, den wir als Wärmeleitung wahrnehmen, durch die Vermittlung der Elektronen stattfinden. Dadurch erklärt sich auch, daß zwischen Wärmeleitung und elektrischer Leitung eine innige Beziehung besteht, die bereits im Jahre 1853 von *G. Wiedemann* und *R. Franz* (32) empirisch gefunden und hinsichtlich ihrer Temperaturabhängigkeit von *L. Lorenz* (33) ergänzt wurde. Danach ist das Verhältnis der Wärmeleitfähigkeit κ zur elektrischen Leitfähigkeit σ je Grad absoluter Temperatur T eine universelle Konstante. Es galt als einer der wesentlichen Erfolge der Elektronentheorie der Metalle, als es *P. Drude* (34) gelang, diese Konstante des *Wiedemann-Franz-Lorenz*schen Gesetzes in annähernd befriedigender Weise durch andere universelle Konstanten auszudrücken (vgl. Abschn. 1.4.1.4.).

Zu ihrer Bestimmung hat *F. Kohlrausch* (35) ein elegantes Verfahren angegeben, dessen Versuchsanordnung schematisch in Abb. 5 wiedergegeben ist. Ein Metallstab S, dessen Enden durch die mit Wasser gefüllten Behälter von großer Wärmekapazität $B_1$ und $B_2$ auf konstanter Temperatur gehalten werden, wird von einem elektrischen Strom durchflossen.

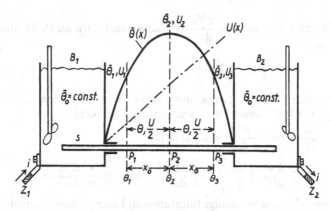

Abb. 5. Nachweis des *Wiedemann-Franz-Lorentz*schen Gesetzes
nach *Kohlrausch* (schematisch)

$B_1$, $B_2$ Thermostaten; S Metallstab; $Z_1$, $Z_2$ Stromzuführungen; $P_1$, $P_2$, $P_3$
Meßpunkte; $x_0$ Abstand der äußeren Meßpunkte von Stabmitte; $U_1$, $U_2$, $U_3$
Spannungen, $\bar{\Theta}_1$, $\bar{\Theta}_2$, $\bar{\Theta}_3$ Temperaturen-Meßwerte; $\Theta_1$, $\Theta_2$, $\Theta_3$ Temperatur-
variablen

Die dabei erzeugte Joulesche Wärme führt im stationären Zustand zu
einer Temperaturverteilung längs des Stabes, die symmetrisch zur Stabmitte ist, wo sich ein maximaler Temperaturwert einstellt. Im thermischen Gleichgewichtszustand mißt man von zwei symmetrisch (Abstand $2\,x_0$) zur Mitte ($P_2$) liegenden Punkten ($P_1$, $P_3$) aus die Temperaturdifferenzen gegenüber der Stabmitte ($\bar{\Theta}_2 - \bar{\Theta}_1$; $\bar{\Theta}_2 - \bar{\Theta}_3$) sowie
die elektrischen Spannungsdifferenzen $U_3 - U_1 = U$; $U_2 - U_1 = \dfrac{U}{2}$;
$U_3 - U_2 = \dfrac{U}{2}$ zwischen diesen Punkten. Bezeichnen wir mit $\kappa$ das
thermische und mit $\sigma$ das elektrische Leitvermögen sowie mit $\bar{\Theta}$ die
wegen der Symmetrie der Temperaturverteilung gleichen Meßwerte der
Temperaturdifferenzen ($\bar{\Theta}_2 - \bar{\Theta}_1$) und ($\bar{\Theta}_2 - \bar{\Theta}_3$), d.h. auch $\bar{\Theta}_3 = \bar{\Theta}_1$,
so gilt nach *F. Kohlrausch*:

$$\frac{\kappa}{\sigma} = \frac{1}{8}\frac{U^2}{\bar{\Theta}}. \qquad [35]$$

Man gelangt zu dieser Beziehung durch die Überlegung, daß die im
Volumenelement $d\tau$ erzeugte Stromwärme $\sigma\left(\dfrac{dU}{dx}\right)^2 d\tau$ im stationären
Zustand in Richtung des Temperaturgefälles durch Wärmeleitung

21

abgeführt werden muß: $-\kappa \dfrac{d^2\Theta}{dx^2} d\tau$. Damit erhalten wir die Differentialgleichung:

$$-\kappa \frac{d^2\Theta}{dx^2} = \sigma \left( \frac{dU}{dx} \right)^2. \qquad [35a]$$

Betrachten wir die Temperaturvariable $\Theta$ als Funktion von $U$,
so geht [35a] wegen der konstanten Feldstärke $F$ im Leiter
$\left( F = \dfrac{dU}{dx} = \text{const}; \dfrac{d^2U}{dx^2} = 0 \right)$ über in:

$$-\frac{\kappa}{\sigma} \frac{d^2\Theta}{dU^2} \cdot \left( \frac{dU}{dx} \right)^2 = \left( \frac{dU}{dx} \right)^2 \quad \text{bzw.} \quad -\frac{\kappa}{\sigma} \frac{d^2\Theta}{dU^2} = 1.$$

Dann liefert eine zweimalige Integration als Lösung dieser Differentialgleichung:

$$-\frac{\kappa}{\sigma} \Theta = \frac{1}{2} U^2 + C_1 U + C_2 \qquad [35b]$$

mit den Randbedingungen für die drei betrachteten Punkte:

$$P_1: \ U_1 = 0; \quad \Theta_1 = \bar{\Theta}_1$$
$$P_2: \ U_2 = \frac{U}{2}; \ \Theta_2 = \bar{\Theta}_2 \qquad [35c]$$
$$P_3: \ U_3 = U; \quad \Theta_3 = \bar{\Theta}_3 = \bar{\Theta}_1$$

und:

$$\bar{\Theta}_2 - \bar{\Theta}_1 = \bar{\Theta}_2 - \bar{\Theta}_3 = \bar{\Theta}.$$

Die Gleichung [35b] muß für alle drei Punkte gelten, so daß wir
schreiben dürfen:

$$-\frac{\kappa}{\sigma} \bar{\Theta}_1 = C_2$$

$$-\frac{\kappa}{\sigma} \bar{\Theta}_2 = \frac{1}{8} U^2 + \frac{1}{2} C_1 U + C_2 \qquad [35d]$$

$$-\frac{\kappa}{\sigma} \bar{\Theta}_3 = \frac{1}{2} U^2 + C_1 U + C_2.$$

Wegen $-\dfrac{\kappa}{\sigma} \bar{\Theta}_3 = -\dfrac{\kappa}{\sigma} \bar{\Theta}_1$ folgt aus diesen Beziehungen:

$$-\frac{\kappa}{\sigma} (\bar{\Theta}_2 - \bar{\Theta}_1) = -\frac{\kappa}{\sigma} \bar{\Theta} = \frac{U^2}{8} + \frac{1}{2} C_1 U$$

und $$0 = \frac{U^2}{2} + C_1 U. \qquad [35e]$$

22

Durch Einsetzen von $C_1$ aus der zweiten in die erste dieser Gleichungen ergibt sich:

$$-\frac{\kappa}{\sigma}\Theta = \frac{U^2}{8} - \frac{U^2}{4} = -\frac{U^2}{8} \qquad [35f]$$

und damit [35].

Das *Kohlrausch*sche Meßverfahren haben *W. Jaeger* und *H. Diesselhorst* (36) zu einer Präzisionsmethode ausgearbeitet, mit der sie für die Konstante des *Wiedemann-Franz-Lorenz*schen Gesetzes den Wert erhielten:

$$\frac{\kappa}{\sigma T} = 2{,}72 \cdot 10^{-13}\,\mathrm{g\,s^{-2}\,K^{-2}}. \qquad [36]$$

## 1.3.2. Das Auftreten von Spannungs- und Temperaturdifferenzen

### 1.3.2.1. Kontakt- und Thermoeffekt

Wie wir bereits oben ausgeführt haben, bestehen zwischen verschiedenen Metallen spezifische Unterschiede in der Elektronendichte. Bringt man zwei verschiedene Metalle in Kontakt, so tritt an der Berührungsstelle eine Elektronenkonzentrationsdifferenz auf, die zum Ausgleich drängt. Im gleichen Maße aber, wie Elektronen vom Körper größerer Elektronenkonzentration zu dem geringerer übergehen, wird sich ersterer positiv, letzterer aber negativ aufladen. Die sich auf diese Weise

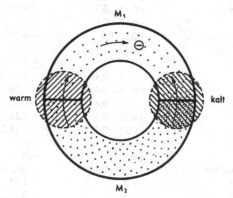

Abb. 6. Thermokreis
$M_1$, $M_2$ Substanzen verschiedener elektrischer Leitfähigkeit

ausbildende Spannungsdifferenz wird schließlich zu einem Gleichgewichtszustand führen und einen weiteren Ausgleich verhindern. Man bezeichnet diese Spannung als Kontaktspannung. Sie nimmt Werte von einigen Zehnteln bis etwa 2 Volt an und muß überall dort in Betracht gezogen werden, wo mit geringen Spannungsdifferenzen gearbeitet wird.

Auf ihrer Änderung mit der Temperatur beruht der allgemein bekannte Thermoeffekt (Seebeckeffekt). Bildet man einen Stromkreis aus zwei verschiedenen Metallen und hält zwischen den beiden Berührungsstellen eine Temperaturdifferenz aufrecht, so bildet sich eine Spannungsdifferenz von einigen Mikrovolt je Grad aus (Abb. 6). In Tab. 2 sind Werte der Thermospannung zusammengestellt. Bei geringem Widerstand des Kreises können die Thermoströme ganz beträchtliche Werte an-

Tab. 2. Thermoelektrische Spannungsreihe

| Material | Thermokraft gegen Platin in mV/100 °C | Thermokraft gegen Kupfer in mV/100 °C |
|---|---|---|
| Tellur | + 50 | + 49,25 |
| Silizium | + 45 | + 44,25 |
| Antimon | + 4,8 | + 3,2...4,1 |
| Chromnickel | + 2,2 | + 1,45 |
| Eisen | + 1,4...1,9 | + 1,15...1,34 |
| Molybdän | + 1,25 | + 0,5 |
| Platin-Rhodium | + 0,65...1,0 | − 0,1 |
| Silber | + 0,67...0,8 | − 0,08... + 0,05 |
| Wolfram | + 0,65...0,9 | − 0,11... + 0,15 |
| Gold | + 0,55...0,8 | − 0,2... + 0,05 |
| Manganin, Zink | + 0,6...0,8 | − 0,15... + 0,1 |
| V2A-Stahl | + 0,77 | + 0,02 |
| Kupfer | + 0,75 | ± 0 |
| Blei | + 0,41...0,45 | − 0,3...0,34 |
| Zinn | + 0,38...0,45 | − 0,26...0,37 |
| Aluminium | + 0,37...0,4 | − 0,32...0,38 |
| Tantal | + 0,35...0,5 | − 0,25...0,4 |
| Kohle | + 0,25...0,3 | − 0,45...0,5 |
| Graphit | + 0,22 | − 0,53 |
| Platin | ± 0 | − 0,75 |
| Quecksilber | − 0,04...0,07 | − 0,6...0,82 |
| Nickel | − 1,2...2 | − 1,95...2,75 |
| Kobalt | − 1,5...2 | − 2,25...2,75 |
| Konstantan | − 3...3,5 | − 3,75...4,25 |
| Wismut | − 5...7,7 | − 5,75...8,45 |

nehmen. Sie verdanken ihre Entstehung den an den verschieden erwärmten Berührungsstellen herrschenden verschiedenen Elektronen-Konzentrationsgleichgewichten, die sich über den metallischen Leiter durch eine Elektronenströmung auszugleichen trachten.

Wenn man umgekehrt durch die Berührungsfläche verschiedener Metalle einen Strom schickt, so tritt an ihr eine Erwärmung oder Abkühlung ein, je nachdem, ob eine positive oder negative Arbeitsleistung, eine Kompression oder Dilatation des Elektronengases durch den hindurchgeleiteten Strom erfolgt. Dieser zum *Seeck*effekt inverse Effekt ist unter dem Namen *Peltier*effekt bekannt.

## 1.3.2.2. Induktion

Elektronenkonzentrationsdifferenzen können wir aber nicht nur auf thermischem Wege erzeugen, sondern auch durch den Einfluß eines Magnetfeldes. Eine Wechselwirkung zwischen elektrischen Ladungen und einem Magnetfeld tritt jedoch nur auf, wenn sie sich gegeneinander bewegen, d. h. insbesondere, wenn ein elektrischer Strom fließt. Dann ist die bewegte Ladung von einem Magnetfeld umgeben, das mit dem äußeren Magnetfeld in Wechselwirkung treten kann. Im *Biot-Savart*-schen Gesetz, das für diese Wechselwirkung gilt (vgl. Abschn. 1.2.2., Gl. [12]), kommt dies im Auftreten der Geschwindigkeit $v$ als Faktor zum Ausdruck. Ein Elektronenstrom, sei es, daß er als Kathodenstrahl im Vakuum das Magnetfeld durchfliegt, sei es, daß er in Gestalt freier Elektronen einen metallischen Leiter durchfließt, wird im Magnetfeld stets eine Ablenkung erfahren, wie wir sie bereits oben (Bild 2 b) kennenlernten.

Denken wir uns nunmehr die dort in einem Strahl vorhandenen Elektronen in den Kristallgitterkäfig eines Metallstücks (M in Abb. 7) eingeschlossen, so wird eine Bewegung des ganzen Stückes samt seinem Elektroneninhalt in der Pfeilrichtung mit der Geschwindigkeit $v$ eine Erhöhung der Elektronenkonzentration an dem nach unten weisenden Ende des Metallstücks bewirken, während die Elektronenkonzentration am oberen Ende geringer werden wird. An den Enden des bewegten Leiters tritt also eine Spannungsdifferenz auf. Schließen wir das Leiterstück zu einem Kreis (in Abb. 7 gestrichelt angedeutet), so wird bei Bewegung der starren Schleife durch ein homogenes Magnetfeld im anderen Schleifenast dieselbe Spannung induziert, so daß kein Stromfluß stattfinden kann. Ein solcher erfolgt nur, wenn sich beide Schleifenäste durch Magnetfeldgebiete verschiedener Feldstärke bewegen, oder anders ausgedrückt, wenn sich der magnetische Kraftfluß ändert, wie dies z. B.

durch die Drehung einer Drahtschleife in einem konstanten Magnetfeld geschehen kann. Dabei werden dort die Elektronenkonzentrationsunterschiede zur Ursache der induktiv erzeugten elektromotorischen Kräfte.

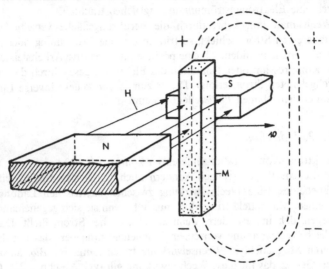

Abb. 7. Entstehung einer Induktionsspannung

### 1.3.2.3. Galvano- und thermomagnetische Effekte

Die enge Verknüpfung zwischen dem elektrischen und thermischen Leitfähigkeitsmechanismus, die wir bereits oben bei der Behandlung des *Wiedemann-Franz-Lorenz*schen Gesetzes (vgl. Abschn. 1.3.1.) kennenlernten, führt zu einer ganzen Reihe von Spannungs- und Temperaturdifferenzeffekten, wenn wir die Elektronenströmung von einem Magnetfeld beeinflussen lassen.

Denken wir uns die Elektronen einen bandförmigen Leiter durchströmen, der transversal von einem Magnetfeld durchsetzt wird, wie es in Anlehnung an Abb. 2b in Abb. 8 und schematisch in der Tab. 3 dargestellt ist, so wird unter dem Einfluß des Feldes eine Elektronenkonzentrationsdifferenz zwischen der oberen und unteren Kante des Leiters auftreten. In ihrer Eigenschaft als Träger elektrischer Ladung geben die Elektronen auf diese Weise Anlaß zur Entstehung einer elektrischen Spannungsdifferenz (*Hall*-Effekt (37)), in ihrer Eigenschaft als Übermittler von Bewegungsenergie verursachen sie eine verschiedene Erwärmung der oberen und unteren Kante und damit eine Temperaturdifferenz (*Ettinghausen*-Effekt (38)). Ganz ähnlich sind die Erscheinungen, die im longitudinalen Magnetfeld auftreten. Da in einem solchen Feld die Elektronen spiralförmige Bahnen beschreiben, erhöht sich die Zahl ihrer Zusammenstöße mit den Metallatomen. Ihre mittlere freie Weglänge wird kleiner, was sich makroskopisch sowohl als eine Erhöhung des elektrischen Widerstandes (*Thomson*-Effekt (39)) als auch als eine Erhöhung des thermischen Widerstandes (*Nernst*-Effekt (40)) bemerkbar macht; Erscheinungen, die man auch als das Auftreten einer longitudinalen Spannungs- bzw. Temperaturdifferenz beschreiben kann.

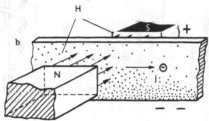

Abb. 8. *Hall*-Effekt bei elektronischer Leitfähigkeit

Bei den bisher betrachteten Erscheinungen wurde der primäre Elektronenfluß im Leiter durch eine elektrische Spannungsdifferenz verursacht, ein elektrischer Strom floß. Nunmehr wollen wir die entsprechenden Effekte behandeln, wenn die primäre Strömung durch eine Temperaturdifferenz verursacht wird, wenn ein Wärmestrom fließt. Auch dabei muß es sich, wie wir oben zeigten (vgl. Abschn. 1.3.1.), um einen elektronischen Vorgang handeln. Die Elektronen übertragen in Richtung des Temperaturgefälles Bewegungsenergie durch Stoß, ohne dabei ihre Konzentration zu ändern, so daß ohne Magnetfeld weder in Richtung der Wärmeströmung noch in einer anderen Spannungsdifferenzen auftreten.

Sobald wir jedoch wieder die Wechselwirkung mit einem Magnetfeld betrachten, führen die auftretenden Elektronenkonzentrationsdifferenzen abermals zu je zwei thermomagnetischen Effekten, für transversale und longitudinale Magnetfelder. Im transversalen Feld beobachten wir wiederum das Auftreten einer transversalen Spannungsdifferenz (*Nernst-Ettinghausen*-Effekt (41)) sowie einer transversalen Temperaturdifferenz (*Righi-Leduc*-Effekt (42)). Ihre Entstehung geht aus Tab. 3 hervor. Das longitudinale Magnetfeld verursacht eine longitudinale Spannungsdifferenz (*Ettinghausen-Nernst*-Effekt (43)) sowie eine longitudinale

Tab. 3. Übersicht über die galvano- und thermomagnetischen Effekte und ihre Gesetze

| Effekt: | Magnetfeld | |
| --- | --- | --- |
| | transversal | longitudinal |
| galvanomagnetisch; primär: elektrischer Strom $j_e \left( = \sigma \dfrac{U_2 - U_1}{l} \right)$ | **Hall-Effekt:** transversale Spannungsdifferenz $\Delta_e U_{tr} = R_H \cdot b \cdot j_e \cdot H$ | **Ettinghausen-Effekt:** transversale Temperaturdifferenz $\Delta_e T_{tr} = P \cdot b \cdot j_e \cdot H$ | **Thomson-Effekt:** longitudinale Spannungsdifferenz. Änderung der elektrischen Leitfähigkeit $\Delta_e U_l = K \cdot l \cdot j_e \cdot H^2$ | **Nernst-Effekt:** longitudinale Temperaturdifferenz $\Delta_e T_l = L \cdot l \cdot j_e \cdot H$ |
| thermomagnetisch; primär: thermischer Strom $j_{th} \left( = \kappa \dfrac{T_2 - T_1}{l} \right)$ | **Nernst-(Ettinghausen)-Effekt:** transversale Spannungsdifferenz $\Delta_{th} U_{tr} = Q \cdot b$ $\times \dfrac{T_2 - T_1}{l} \cdot H$ | **Righi-Leduc-Effekt:** transversale Temperaturdifferenz $\Delta_{th} T_{tr} = S \cdot b$ $\times \dfrac{T_2 - T_1}{l} \cdot H$ | **Ettinghausen-Nernst-Effekt:** longitudinale Spannungsdifferenz $\Delta_{th} U_l = N \cdot d$ $\times \dfrac{T_2 - T_1}{l} \cdot H$ | **Maggi-Righi-Leduc-Effekt:** longitudinale Temperaturdifferenz Änderung der thermischen Leitfähigkeit $\Delta_{th} T_l = M \cdot l$ $\times \dfrac{T_2 - T_1}{l} \cdot H^2$ |
| **Versuchs-Schemata:** $l$ Länge $b$ Breite $d$ Dicke $\left.\begin{array}{l}\\\\\end{array}\right\}$ des Leiters | | |

(Die ursprünglich als empirisch zu bestimmende Konstanten $K$, $L$, $M$, $N$, $P$, $Q$, $R$, $S$ eingeführten Koeffizienten lassen sich mittels der Elektronentheorie auf Kombinationen universeller Konstanten mit spezifischen Materialgrößen zurückführen [vgl. Abschn. 1.4.1.5.]).

Temperaturdifferenz (*Maggi-Righi-Leduc*-Effekt (44)). Die Longitudinal-effekte machen sich makroskopisch abermals als elektrische bzw. thermische Leitfähigkeitsänderung bemerkbar. Insbesondere sind der *Thomson*- wie der *Maggi-Righi-Leduc*-Effekt nur als Leitfähigkeits-effekt meßbar. Nach *Ph. Lenard* (45) verwendet man die Widerstands-änderung einer Wismutspirale im Magnetfeld zur Bestimmung von dessen magnetischer Feldstärke. In Tab. 4 sind die Konstanten für die Transversaleffekte einer Reihe von Elementen angegeben. Besonders große Effekte zeigen die Halbleiter und unter diesen die 3,5-Verbindun-gen (vgl. Abschn. 1.3.3.1.).

Tab. 4. Koeffizienten der galvano- und thermomagnetischen Transversaleffekte

| Metall | S<br>*Righi-Leduc-*<br>Koeff.<br>($\times 10^{-7}$) | P<br>*Ettinghausen-*<br>Koeff.<br>($\times 10^{-10}$) | Q<br>*Nernst-*Koeff.<br>($\times 10^{-4}$) | R<br>*Hall-*Koeff.<br>($\times 10^{-5}$) |
|---|---|---|---|---|
| Ag | − 0,7 | − 1,65 | − 1,8 | − 8,0 |
| Al | − 0,62 | + 1,06 | + 0,42 | − 4,0 |
| Co | + 1,1 | + 21,6 | + 7,8 | + 24,6 |
| Cu | − 2,1 | − 1,6 | − 1,9 | − 5,2 |
| Fe | + 5,2 | − 42,6 | − 9,5 | + 87 |
| Ni | − 2,5 | + 30,3 | + 10 | − 39 |
| Zn | + 1,1 | − 2,67 | − 0,73 | + 4,0 |
| Au | − 2,5 | − 0,96 | − 1,7 | − 7,1 |
| Sb | + 20,1 | + 1940 | + 20,1 | + 1250 |
| Bi | − 20,5 | + 35000 | + 1780 | − 6 |

Diese Verbindungen gestatten praktisch verwertbare Anwendungen im Hallgenerator und galvanomagnetischen Verstärker, wobei durch geeignete geometrische Formgebung der Strombahnen im Halbleiter aufgrund zweckmäßiger Anordnung der Zuleitungen (Corbinoscheibe) oder Herstellung eines Mischkristalles in dem Gebiete hoher, mit solcher geringer Leitfähigkeit in dichter Folge einander abwechseln (Feldplatte), die hohen relativen Widerstandsänderungen im Magnetfeld zusätzlich noch um einen Faktor der Größenordnung $10^2$ gesteigert werden können (vgl. Bd. II, Abschn. 1.2.4.4. und 1.2.4.5.).

## 1.3.3. *Die elektronische Leitung in Halbleitern*

Außer den Metallen zeigt noch eine weitere Gruppe von Substanzen elektronische Leitfähigkeit, wie mit Hilfe des *Hall*-Effektes festgestellt werden konnte. Es sind dies die elektronischen Halbleiter. Ihre Leit-fähigkeit ist um rund 5 Zehnerpotenzen schlechter als die der reinen Metalle, was offenbar auf einen Mangel an freien Elektronen zurückzu-führen ist. Es steht fest, daß diese Elektronen größtenteils nicht einmal aus den zum Halbleiter gehörigen Atomen stammen, sondern von Stör-stellen (Verunreinigungen) im Kristallgitter herrühren, welche die Elek-tronen thermisch bedingt emittieren. Auf diese Weise ist zu erklären, daß elektronische Halbleiter einen sinkenden Widerstand bei steigender Temperatur aufweisen. Für die wenigen Elektronen spielt dabei weniger die wachsende Behinderung durch die Gitterschwingungen eine Rolle als vielmehr das überwiegende, rasche Anwachsen ihrer Zahl infolge der thermischen Bedingtheit ihrer Auslösung an den Störstellen.

Der positive Temperaturkoeffizient des Widerstandes von elektroni-schen Halbleitern ist danach durch die in das Kristallgitter eingebauten Fremdatome bedingt, welche durch die Bereitstellung von Fremd-elektronen aus Störstellen die sogenannte Fremd- oder Störleitung — im Gegensatz zu der geringen Eigenleitung des Halbleiters — verursachen.

### 1.3.3.1. Struktur der Halbleiter

Der am längsten bekannte Halbleiter dieser Art ist das Selen, dessen Leitfähigkeitsmechanismus wegen der verschiedenen Modifikationen dieses Elements, d. h. der verschiedenen Kristallstrukturen, in denen es auftreten kann, in seinem Leitfähigkeitsverhalten noch nicht völlig beherrscht wird. Als typisch elektronischer Halbleiter wurde in den dreißiger Jahren das Kupferoxydul [$Cu_2O$] eingehend erforscht. Später kamen die Elemente der 4. Gruppe (Spalte) des Periodensystems, ins-besondere Silizium [Si] und Germanium [Ge] hinzu. Diese Elemente weisen die Kristallgitterstruktur des Diamanten auf, bei der die nächsten Nachbarn jedes Atoms in den 4 Ecken eines Tetraeders liegen. Alle Elemente der 4. Gruppe besitzen vier Valenzelektronen, die sich durch die stärkere Bindung seitens der atomaren Felder im Kristallgitter nur quasi frei bewegen können, wenn die Bindung an das einzelne Atom durch Energiezufuhr überwunden wird (Eigenleitung). H. Welker (46) kam im Jahre 1952 auf den Gedanken, daß Mischkristalle von Ele-menten der 3. und 5. Gruppe des Periodensystems, 3,5-Verbindungen, die im Mittel ebenfalls 4 Valenzelektronen besitzen, und deren Kristall-struktur auch der des Diamanten entspricht, die Eigenschaften elektroni-scher Halbleiter besitzen müßten. Er konnte dies an einer Reihe solcher Verbindungen, z. B. Indiumantimonid (InSb), Galliumarsenid (GaAs), Galliumantimonid (GaSb), Indiumarsenid (InAs) — um nur die wichtigsten anzuführen – nachweisen. Diese 3,5-Verbindungen zeigen auffallend starke galvano- und thermo-magnetische Effekte. Besonders die Indiumverbindungen übertreffen in bezug auf den *Hall-* und *Thomson-*Effekt (vgl. Abschn. 1.3.3.2., Tab. 5) das bisher für große Werte der galvanomagnetischen Effekte allein bekannte Element Wismut bei weitem, so daß sich interessante technische Anwendungen dieser Effekte ergeben, auf die unten (vgl. Bd. II, Abschn. 1.2.4.4. und 1.2.4.5.) noch näher eingegangen werden wird.

Wir haben bereits erörtert, daß man beim Halbleiter zwischen der Eigenleitung und Fremdleitung zu unterscheiden hat. Die Eigenleitung beruht auf den im Kristallgitterfeld der reinen Substanz sich quasi frei bewegenden Elektronen, deren Zahl im Vergleich zum Metall im Halbleiter gering ist. Da unter dem Gesichtspunkt der Elektronik die Größe des Widerstandes auf die Anzahl der für den Stromtransport zur Verfügung stehenden Ladungsträger zurückgeführt wird, bedeutet dies, daß reine Halbleiter einen hohen Widerstand besitzen.

Eine Anreicherung an Ladungsträgern kann man – wie bereits ausgeführt – durch Einbau von Fremdatomen in das Kristallgitter erreichen. Diese Fremdatome können in zweifacher Hinsicht die Leitfähigkeit beeinflussen, einmal in der bereits erwähnten Weise als Elektronenspender (Donatoren) – sie bleiben dann als positives Ion im Gitter zurück – zum anderen aber auch als Elektronenfänger (Akzeptoren), wobei sie zu negativen Ionen im Gitter werden und eine (fiktive) positive Ladung (Loch, Defektelektron) für den Leitfähigkeitsmechanismus freimachen (Löcherleitfähigkeit, Defektleitung). Im ersteren Fall sind negative Ladungsträger vorhanden. Man bezeichnet diesen Vorgang als n-Leitung. Im zweiten Fall – der Leitung durch positive Defektelektronen – spricht man von p-Leitung. Elemente, die mehr als vier Valenzelektronen haben (P, As, Sb), haben sich als Elektronenspender erwiesen, solche mit weniger als vier Valenzelektronen (B, Al, Ga, In) als Elektronenfänger. So kann man beispielsweise durch Einbau von Phosphor (P, 5 Valenzelektronen) in das Kristallgitter des Siliziums n-Leitung hervorrufen, während der Einbau von Bor (B, 3 Valenzelektronen) p-Leitung verursacht. Durch sauber dosierte Beigaben von Fremdatomen zur Schmelze der reinen halbleitenden Substanz lassen sich aus dieser Kristalle gewünschter, ja sogar wechselnder Leitfähigkeitsmechanismen ziehen. Ein Kristall, der am einen Ende n-, am anderen p-leitend gemacht worden ist, wird in der Mitte einen Verarmungsbereich an Ladungsträgern und damit ein Gebiet hohen Widerstandes aufweisen, weil die negativen und positiven Ladungsträger jeweils in den anderen Bereich – dank ihrer thermisch bedingten Bewegungsenergie –

hineindiffundieren, bis ihnen das damit wirksam werdende örtliche Feld der positiven bzw. negativen, im Gitter verankerten Fremdionen Einhalt gebietet. Auf diese Weise kann man sich nach *E. Spenke* (47) und *R. W. Pohl* (48) das Zustandekommen einer Grenzschicht hohen Widerstandes zwischen den Leitfähigkeitsgebieten verschiedenen Typs einfach erklären.

Die theoretische Beschreibung bevorzugt das Vorgehen in einem Konfigurationsraum mit der Längenausdehnung $x$ des Kristalls als Abszisse und der Energie $E$ des elektrischen Feldes im Kristall als Ordinate. In einem gemischten Ionengitter (z. B. $Cu_2O$) wird sich das Elektron stets durch ein Potentialgebirge bewegen müssen (Abb. 9). Da dieses atomare Dimensionen besitzt, wird ihm weniger die Dicke der Potentialhügel etwas ausmachen, die es aufgrund des wellenmechanischen Tunneleffektes (S. 14) einfach unterwandert, als vielmehr die Tatsache, daß an jeder Hügelwand auch eine Reflexion des Elektrons eintritt, was sich wellenmechanisch im Auftreten von Interferenzerscheinungen bemerkbar macht. Immer dann, wenn der Abstand zweier Potentialhügel gerade ein ganzzahliges Vielfaches der halben Wellenlänge ist, die nach [29] dem betrachteten Elektron zugeordnet werden muß, entstehen Gebiete, in denen das Elektron als Teilchen nicht existieren kann, weil sich seine Materienwelle durch Interferenz auslöscht. Man bezeichnet diese Gebiete als „verbotene Zonen". Im oben erörterten korpuskularen Bild werden diese Energiebereiche durch die Größe der Bindungsenergie der Valenzelektronen repräsentiert.

Das in Abb. 9a schraffiert umrissene Gebiet der ersten verbotenen Zone ist in Bild 9b als Energiebänderschema im Konfigurationsraum $E, x$ herausgezeichnet. Die Breite $\Delta E$ der verbotenen Zone hat für die ver-

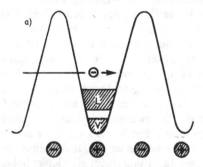

Abb. 9a. Existenzgebiete eine Elektrons im Potentialgebirge eines Kristallgitters (eindimensional schematisiert)

schiedenen Substanzen unterschiedliche Werte, z. B. für Si: $\Delta E_1 =$ 1,12 eV; Ge: $\Delta E_2 = 0,75$ eV; In: $\Delta E_3 = 0,27$ eV, gemessen in Elektronenvolt und extrapoliert auf T = 0 K nach *H. Welker*. Elektronen der reinen Substanz müssen Energien besitzen, diese verbotene Zone zu überspringen, um aus dem „Valenzband" in das darüber liegende „Leitfähigkeitsband" zu gelangen. Fremdatome (Störstellen) können energetisch gesehen in der verbotenen Zone liegen und daher leichter mit dem Leitfähigkeitsband als Elektronenspender bzw. mit dem Valenzband als Elektronenempfänger in Wechselwirkung treten (vgl. Abb. 9 b).

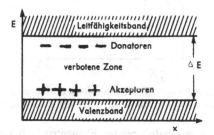

Abb. 9 b. Elektronenbändermodell eines Halbleiters mit Störleitung

Für den experimentellen Nachweis der Energielücke (verbotene Zone) eines Halbleiters zwischen dem vollbesetzten Valenzband und dem Leitfähigkeitsband sind zwei Methoden gebräuchlich. Eine Meßmethode gewinnt über die Abhängigkeit der Leitfähigkeit des Halbleiters von der Temperatur im Eigenleitungsbereich des Halbleiters den Bandabstand. Die andere Methode bestimmt aus der Abhängigkeit der optischen Absorptionskonstanten von der Wellenlänge die Größe der Energielücke.

Bestrahlen wir den Halbleiter mit monochromatischem Licht, so kann dieses absorbiert werden, wenn dadurch Elektronen aus dem vollbesetzten Valenzband in das Leitfähigkeitsband über die Energielücke gehoben werden und eine photoelektrische Urspannung aufbauen (vgl. Abschn. 1.5.2.5. u. 2.1.2.3.). Optische Übergänge innerhalb des Valenzbandes sind nur dann möglich, wenn dieses nicht vollbesetzt ist (*Pauli*-Prinzip). Für die Abhängigkeit der Absorptionskonstanten von der Wellenlänge erwarten wir den in Abb. 9 c schematisch angedeuteten Verlauf. Bei einer Grenzwellenlänge $\lambda_g$, die mit der Energielücke (vgl. S. 101) über:

$$\Delta E = \frac{hc}{\lambda_g} = h \nu_g \qquad [37]$$

in Beziehung steht, setzt steil die Absorption ein („Absorptionskante"). Durch Bestimmung der Wellenlänge $\lambda_g$ ist die Breite der verbotenen

Zone $\Delta E$ bestimmt. Man nennt diese Art der Wechselwirkung des einfallenden Lichts mit den Elektronen des Valenzbandes „direkte optische Übergänge". Beispiele dafür sind die 3,5-Verbindungen (Mischkristalle von Elementen der 3. mit solchen der 5. Gruppe des Periodensystems) wie GaAs, InSb usw.

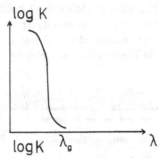

Abb. 9c. Verlauf der optischen Absorptionskonstanten in Abhängigkeit von der Wellenlänge bei „direkten" Übergängen

Bei einer Reihe von halbleitenden Elementen (z. B. Ge, Si) zeigt die Absorptionskonstante nicht den steil ausgeprägten Anstieg bei einer bestimmten Wellenlänge (Abb. 9d). Die Absorptionskante erreicht hier ihr Maximum über eine niedrige Stufe, deren Höhe mit steigender Temperatur stärker ausgeprägt ist. Bei diesem Typ von Halbleitern ist die Wechselwirkung mit Licht an der Absorptionskante nur durch „indirekte Übergänge" möglich. Dies bedeutet, daß die Energie des eingestrahlten Lichtes nicht nur für den Übergang eines Elektrons vom Valenzband in das Leitfähigkeitsband verwendet wird, sondern ein Teil der Energie zur Anregung von Gitterschwingungen des Halbleiters ab-

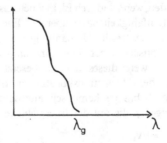

Abb. 9d. Verlauf der optischen Absorptionskonstanten in Abhängigkeit von der Wellenlänge bei „indirekten" Übergängen

gezweigt wird. Dieser Energiebeitrag ist allerdings sehr klein (0,01 eV bis 0,03 eV im Vergleich zur Energielücke: $\approx$ 1 eV). Die Temperaturabhängigkeit der Stufe im Absorptionsverlauf der Abb. 9 d kommt dadurch zustande, daß die Dichte der Gitterschwingungen (*Phononen*, vgl. Abschn. 1.3.1. u. 1.4.2.9.) mit steigender Temperatur zunimmt.

Auf die Bedeutung „indirekter optischer Übergänge" wird noch ausführlicher eingegangen (vgl. Bd. II, Abschn. 1.3.6. und Bd. IV, Abschn. 2.4.1.). Sie spielen bei der Funktionsweise des Festkörperdetektors für Kernstrahlungsanalyse sowie beim Halbleiterlaser eine bedeutsame Rolle.

Aufgrund dieser Betrachtungen erkennen wir, daß der elektronische Leitfähigkeitsmechanismus des Halbleiters gegenüber dem Metall ein wesentlich anderer ist. Im Energiebänderschema erscheinen verbotene Zonen, welche die Eigenleitung gegenüber der Fremdleitung beim Halbleiter zurücktreten lassen, während die metallische Leitung keine verbotenen Zonen und damit nur die Eigenleitung kennt. Zwischen Halbleiter und Isolator ist hingegen der Unterschied im Leitfähigkeitsmechanismus nur ein gradueller. Je breiter die verbotene Zone, desto weniger Ladungsträger im Leitfähigkeitsband, desto höher der Widerstand, d. h. desto besser die isolierenden Eigenschaften. Der ideale Isolator würde daher eine reine, von Fremdatomen freie Substanz mit unendlich breiter verbotener Zone sein (Abb. 9 e).

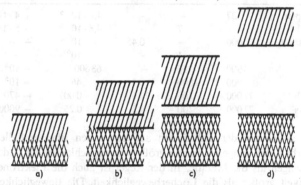

Abb. 9 e. Energiebänder-Anordnung im:
a) und b) Metall, c) Halbleiter, d) Isolator

## 1.3.3.2. Galvanomagnetische Eigenschaften

Als elektronische Leiter zeigen die betrachteten Halbleiter in der Regel einen negativen *Hall*effekt. Mittels des Hallkoeffizienten kann, wie noch gezeigt wird, die Konzentration der freien Elektronen im jeweils betrachteten Halbleiter bestimmt werden (vgl. Abschn. 1.4.1.5. Gl. [59] und 1.4.2.6. Gl. [95]).

Der *Hall*effekt ist um so größer, je größer die Beweglichkeit der negativen Elektronen bzw. der positiven Löcher ist. Unter der Beweglichkeit $u_n$ bzw. $u_p$ wird dabei die Geschwindigkeit der genannten negativen ($u_n$) bzw. positiven ($u_p$) Ladungsträger in cm/sec bei der elektrischen Feldstärke 1 Volt/cm verstanden. Ihre Dimension ist daher:

$$[u_{n,p}] = \left[ \frac{cm^2}{Volt \; s} \right].$$

In Tab. 5 sind ihre Werte zusammen mit dem Hallkoeffizienten $R_H$, dem spezifischen Widerstand $\rho$, sowie der relativen Widerstandsänderung $\frac{\Delta\rho}{\rho}$ in einem Magnetfeld von 10000 Gauß nach *H. Welker* (46) angegeben:

Tab. 5. Elektrische und galvanomagnetische Daten von Metallen und Halbleitern

| Werkstoff | Beweglichkeit Elektronen $u_n$ $\frac{cm^2}{V\,s}$ | Löcher $u_p$ $\frac{cm^2}{V\,s}$ | bei $10^4$ Gauß $\frac{\Delta\rho}{\rho}$ | spezifischer Widerstand $\rho$ $\Omega\,cm$ | Hall-koeffizient $R_H$ $\frac{cm^3}{A\,s}$ |
|---|---|---|---|---|---|
| Kupfer | 27 | – | – | $1{,}6\cdot10^{-6}$ | $+\,4\cdot10^{-5}$ |
| Zink | – | 7 | – | $4{,}8\cdot10^{-6}$ | $-\,5\cdot10^{-5}$ |
| Wismut | 5000 | – | 0,45 | $10^{-4}$ | $-\;6$ |
| Se | – | 1 | – | $10^6$ | – |
| Si | 1900 | 350 | – | 63600 | $-\,10^8$ |
| Ge | 3900 | 1800 | 0,3 | 46 | $-\,10^5$ |
| InSb | 77000 | 700 | 23,6 | 0,007 | $-\,470$ |
| InAs | 27000 | 200 | 4,5 | 0,25 | $-\,9000$ |

Wir entnehmen der Tab. 5 den auf den ersten Blick auffallenden Sachverhalt, daß einige Halbleiter größere Beweglichkeiten der Ladungsträger zeigen als die Metalle. In der Regel ist auch die Elektronenbeweglichkeit größer als die Löcherbeweglichkeit. Die Beweglichkeit ist durch die Kristallgittereigenschaften bedingt und weist demgemäß kleine, mittlere bzw. hohe Werte auf.

Bei höheren Werten der Beweglichkeit lassen sich im Hallkreis höhere Leistungen erzielen (Hallgenerator). Die in den Hallkreis fließenden Ladungsträger werden dem Hauptstromkreis entzogen, (vgl. Bd. II, Abschn. 1.2.4.4. und 1.2.4.5.) bzw. bei Leerlauf im Hallkreis durch die magnetische Ablenkung in Verbindung mit ihrer thermischen Geschwindigkeit bei ihrer Wanderung im Halbleiter behindert. Beides ergibt eine Widerstandsänderung, die nach Tab. 5 am größten bei den 3,5-Verbindungen InSb und InAs ist.

## 1.4. Elektronentheorie der Metalle

### 1.4.1. Die Drudesche Theorie

#### 1.4.1.1. Grundannahmen

Wir nehmen an, daß sich die freien Elektronen wie ein einatomiges Gas mit 3 Freiheitsgraden innerhalb des Metalls verhalten und alle die gleiche mittlere Geschwindigkeit $\bar{c}$ besitzen. Bei der gleichen Temperatur haben sie dann alle die gleiche Bewegungsenergie $\frac{1}{2} m_e \bar{c}^2$, welche nach *Boltzmann* (49) der absoluten Temperatur proportional ist:

$$^1/_2 m_e \bar{c}^2 = {}^3/_2 \, k \, T = E_{3F} \quad \text{bzw.} \quad E_{1F} = {}^1/_2 \, k \, T, \qquad [38]$$

wobei k die *Boltzmann*sche Konstante (vgl. Abschn. 1.4.2.7. Gln. [25] [86]) und $E_{3F}$ bzw. $E_{1F}$ die Energien je 3 bzw. 1 Freiheitsgrad bedeuten. Ihr numerischer Wert ist:

$$k = (1,38054 \pm 0,00018) \cdot 10^{-16} \, \text{erg K}^{-1} \qquad [39]$$

im Einklang mit den neueren Werten anderer universeller Konstanten. Streng genommen gilt die Beziehung [38] nur für $\overline{c^2}$. Unter der gemachten Voraussetzung gleicher Geschwindigkeit $\bar{c}$ für sämtliche Elektronen ist aber $\overline{c^2} = \bar{c}^2$.

Die Elektronen sollen ferner alle die gleiche mittlere freie Weglänge $\bar{l}$ besitzen. Nehmen wir weiterhin an, daß es sich bei den betrachteten Elektronen um thermisch freigemachte, locker gebundene Valenzelektronen handelt, von denen z. B. Kupfer jeweils eines je Atom für die Elektrizitätsleitung zur Verfügung stellen kann, so läßt sich die Elektronenkonzentration $n_e$ aufgrund folgender Überlegungen zur Bestimmung der Konzentration von Kupferatomen $n_{Cu}$ abschätzen:

Im Grammatom von (z. B.) Kupfer (mit dem Atomgewicht A = 63,57) befinden sich N [1] Atome. Da die spezifische Dichte des Kupfers 8,9 g cm$^{-3}$ ist, errechnet sich die Konzentration $n_{Cu}$ zu

$$n_{Cu} = \frac{8,9 \cdot 6,02}{63,57} \cdot 10^{23} \, \text{cm}^{-3} = 8 \cdot 10^{22} \, \text{cm}^{-3} \approx 10^{23} \, \text{cm}^{-3}.$$

$$[40]$$

Wegen $n_{Cu} = n_\varepsilon$ dürfen wir daher im Metall und damit für das Elektronengas bei 300 K (Zimmertemperatur) mit einer Elektronenkonzentration der Größenordnung

$$n_\varepsilon \approx 10^{23} \, cm^{-3} \qquad\qquad [40\,a]$$

rechnen.

Wir haben bereits oben erkannt (vgl. Abschn. 1.2.1. und 1.3.1.), daß die Elektronen einmal als Träger einer konstanten elektrischen Ladung, der Elementarladung $\varepsilon$, dann aber auch als Überträger mechanischer Größen (Bewegungsenergie, Bewegungsgröße) die zur Diskussion stehenden physikalischen Eigenschaften der Metalle bedingen. Diesem doppelten Charakter müssen wir auch beim rechnerischen Ansatz gerecht werden.

Vom Standpunkt der kinetischen Gastheorie betrachtet, deren Folgerungen wir auf das Elektronengas übertragen wollen, fliegen die freien Elektronen mit der Geschwindigkeit $\bar{c}$ im stationären Zustand (Temperaturgleichgewicht) nach allen Richtungen durcheinander, so daß durch jeden Querschnitt in jedem Zeitpunkt sich gleichviel Elektronen in der einen wie in der anderen Richtung bewegen. Da sie ihre elektrische Ladung unverändert beibehalten, kompensieren sich sämtliche einzelnen Elektronenströme, so daß makroskopisch — wie es die Erfahrung fordert — kein elektrischer Strom wahrgenommen wird. Einen elektrischen Strom bemerkt man erst, wenn das Gleichgewicht durch ein elektrisches Feld gestört wird, das den Elektronen in Feldrichtung eine bevorzugte Geschwindigkeitskomponente erteilt. Man wird also die elektrischen Leitfähigkeitsphänomene dadurch rechnerisch zu erfassen haben, daß man die Abhängigkeit der *Störung* der Geschwindigkeitsverteilung von der elektrischen Feldstärke ermittelt.

Anders liegen die Verhältnisse bei der Bestimmung der Wärmeleitfähigkeit. In diesem Fall übertragen die Elektronen durch Stoß eine mechanische Quantität, die Bewegungsenergie. Und zwar geben sie dabei einen mehr oder weniger großen Anteil dieser Größe an den Stoßpartner ab. Im Gegensatz zur elektrischen Ladung ist die transportierte mechanische Größe keine Konstante, sondern ändert ihren Wert bei jedem Zusammenstoß. (Wir erkennen hier bereits, daß unsere Annahme, alle Elektronen besäßen die gleiche Geschwindigkeit, nur näherungsweise richtig sein kann; daher rechnen wir mit einem mittleren Wert, vgl. Abschn. 1.4.2.1.). Beim Wärmetransport tritt keine bevorzugte Wanderung von Elektronen in einer Richtung ein, sondern lediglich eine bevorzugte Energieübertragung in Richtung des Temperaturgefälles. Wäre dem nicht so, so müßte jeder Wärmestrom von einer Elektrizitätsbewegung begleitet sein. Im Falle der Wärmeleitung müssen wir demnach eine Beziehung ableiten, die uns bei *ungestörter* Geschwindigkeitsverteilung die Menge der übertragenen mechanischen Größe zu ermitteln gestattet.

## 1.4.1.2. Wärmeleitung

Wir wollen die zuletzt formulierte Aufgabe zuerst in Angriff nehmen. Sie ist in allgemeinster Form von *L. Boltzmann* (49) gelöst worden (*Boltzmann*sche Transportgleichung).

Von der in der Zeiteinheit durch die Flächeneinheit durch die Elektronen transportierten physikalischen Quantität (z. B. Wärmemenge, Teilchenzahl, Bewegungsgröße) wird bei gleicher Geschwindigkeit $\bar{c}$ jedes Elektron den gleichen Anteil $G$ übertragen. Die Änderung der übertragenen Größe infolge von Zusammenstößen nach dem Durchlaufen der freien Weglänge $l$ in Richtung $x$ des Temperaturgefälles sei mit $\dfrac{dG}{dx}$ bezeichnet (Abb. 10); dann transportiert ein Elektron durch den Querschnitt $q$ an der Stelle $x$ des metallischen Leiters in Richtung des Temperaturgefälles (von rechts nach links) den Betrag $G_1$:

$$G_1 = G + \frac{dG}{dx}\, l \cos \vartheta\,, \qquad\qquad [41]$$

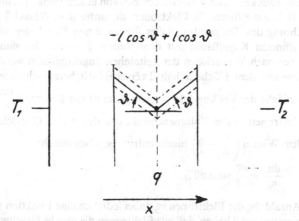

Abb. 10. Übertragung einer physikalischen Quantität durch den Querschnitt $q$ in Richtung des Temperaturgefälles ($T_1 > T_2$)

39

entgegen dem Temperaturgefälle die Menge $G_2$:

$$G_2 = G - \frac{dG}{dx} l \cos \vartheta, \qquad [42]$$

wobei wegen $T_1 > T_2$ auch $G_1 > G_2$ ist. In Richtung des Temperaturgefälles wird mithin der Betrag $(G_1 - G_2)$ transportiert. Da die Elektronen mit der Geschwindigkeit $\bar{c}$ den Querschnitt unter verschiedenen Winkeln $\left[\frac{\pi}{2} - \vartheta\right]$ durchsetzen, wird jedes Elektron, das unter einem bestimmten Winkel $\left[\frac{\pi}{2} - \vartheta\right]$ den Querschnitt durchfliegt, in der Zeiteinheit den Betrag $[G_1 - G_2]\ \bar{c} \cos \vartheta$ in Richtung des Temperaturgefälles transportieren. Unter Berücksichtigung von [41] und [42] ergibt sich:

$$G_1 - G_2 = 2\,\bar{c}\,l\,\frac{dG}{dx} \cos^2 \vartheta. \qquad [43]$$

Dies ist also der Anteil der Größe $G$, den ein einziges Elektron in der Zeiteinheit durch den Querschnitt $q$ unter dem Winkel $\left[\frac{\pi}{2} - \vartheta\right]$ befördert. Um die gesamte transportierte Menge zu erhalten, müssen wir schrittweise zunächst die Menge bestimmen, welche alle Elektronen übertragen, die $q$ unter dem Winkel $\left[\frac{\pi}{2} - \vartheta\right]$ passieren, und dann diese Größe für den gesamten Winkelbereich berechnen. Wir denken uns zu diesem Zwecke zunächst alle Elektronen von einem Punkt aus fliegend (Abb. 11). Dann erfüllen alle Elektronen, die unter dem Winkel $\vartheta$ gegen die Richtung des Temperaturgefälles fliegen, einen Kegel, der aus der eingezeichneten Kugelfläche mit dem Radius $\bar{c}$ — auf der sämtliche Elektronen nach Verstreichen der Zeiteinheit angelangt sein werden — eine Zone mit dem Flächeninhalt $2\pi\bar{c}(\sin \vartheta)\,\bar{c}\,d\vartheta$ herausschneidet. Da die Oberfläche der Vollkugel $4\pi\bar{c}^2$ beträgt, so ist der Bruchteil $\frac{dn_\varepsilon}{n_\varepsilon}$ von allen Elektronen in der Volumeneinheit, der durch den Querschnitt $q$ unter dem Winkel $\left(\frac{\pi}{2} - \vartheta\right)$ hindurchtritt, gegeben durch:

$$\frac{dn_\varepsilon}{n_\varepsilon} = \frac{1}{2} \sin \vartheta\, d\vartheta. \qquad [44]$$

Die Anzahl $dn_\varepsilon$ der Elektronen ist dabei lediglich eine Funktion von $\vartheta$, da wir vorausgesetzt haben, daß alle Elektronen die gleiche Geschwindigkeit haben. Sollten wir jedoch berücksichtigen, wie es unten getan wird (vgl. Abschn. 1.4.2.), daß in Wirklichkeit eine Geschwindigkeitsverteilung existiert, so müssen wir dem an dieser Stelle der Ableitung der *Boltzmann*schen Transportgleichung Rechnung tragen.

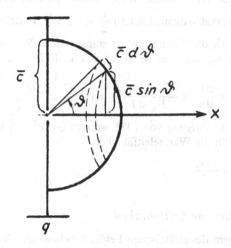

Abb. 11. Winkelabhängigkeit der strömenden Menge

Die Summation von [43] über sämtliche $dn_\varepsilon$ [$\vartheta$] Elektronen ergibt für die in Richtung des Winkels $\vartheta$ übertragene Menge $d\Gamma[\vartheta]$:

$$d\Gamma = 2\bar{c}\,\frac{dG}{dx}\cos^2\vartheta\cdot\Sigma l = 2\bar{c}\,\frac{dG}{dx}\cos^2\vartheta\,\bar{l}dn_\varepsilon,\qquad [45]$$

wobei wir anstelle der freien Weglänge des einzelnen Elektrons die mittlere freie Weglänge gemäß ihrer Definition: $\bar{l} = \dfrac{1}{dn_\varepsilon}\cdot\Sigma l$ eingeführt haben. Durch Verknüpfung von [44] und [45] sowie Integration über $\vartheta$ in den Grenzen 0 bis $\dfrac{\pi}{2}$ erhalten wir nunmehr für die gesamte übertragene Menge $\Gamma$ die *Boltzmann*sche Transportgleichung:

$$\Gamma = \bar{c}\,\bar{l}\,n_\varepsilon\,\frac{dG}{dx}\int_0^{\frac{\pi}{2}}\cos^2\vartheta\sin\vartheta\,d\vartheta = \frac{\bar{c}\,\bar{l}\,n_\varepsilon}{3}\,\frac{dG}{dx}.\qquad [46]$$

Da $n_\varepsilon$ auf die Volumeneinheit bezogen ist, gibt $\Gamma$ die in der Zeiteinheit durch die Flächeneinheit senkrecht zur Richtung des Temperaturgefälles übertragene Menge an.

Wir wenden nunmehr die *Boltzmann*sche Transportgleichung auf das Problem der Wärmeleitung an:

In diesem Fall ist der Anteil $G$ von $\Gamma$, den jedes einzelne Elektron transportiert, unserer Voraussetzung gemäß gegeben durch die Bewegungsenergie (vgl. Abschn. 1.4.1.1.) $\frac{1}{2} m_\varepsilon \bar{c}^2$, und $\Gamma$ stellt die in der Zeiteinheit durch die Flächeneinheit transportierte Wärmemenge dar. Unter Einführung der Wärmeleitfähigkeit $\kappa$ dürfen wir dann für $\Gamma$ schreiben:

$$\Gamma = \kappa \frac{dT}{dx} = \frac{\bar{c}\bar{l}n_\varepsilon}{3} \frac{d}{dT} (^1/_2 \, m_\varepsilon \bar{c}^2) \frac{dT}{dx}. \qquad [47]$$

Unter Berücksichtigung von [38], wonach $\frac{1}{2} m_\varepsilon \bar{c}^2 = \frac{3}{2} k\,T$ ist, ergibt sich nunmehr für die Wärmeleitfähigkeit:

$$\kappa = k \frac{\bar{c}\bar{l}n_\varepsilon}{2}. \qquad [48]$$

### 1.4.1.3. Elektrische Leitfähigkeit

Durch Anlegen des elektrischen Feldes $F$ bekommen alle Elektronen ($n_\varepsilon$ in der Volumeneinheit) eine mittlere Geschwindigkeitskomponente $\bar{v}$ in Richtung der Feldlinien, während sie die Strecke der mittleren freien Weglänge $\bar{l}$ mit der Geschwindigkeit $\bar{c}$ durchlaufen. Sie werden nämlich dabei durch das elektrische Feld die Beschleunigung $b = \frac{\varepsilon F}{m_\varepsilon}$ erfahren. Unter der vereinfachenden Annahme, daß bei den thermischen Zusammenstößen das stoßende Elektron zur Ruhe kommt (zentraler elastischer Stoß), ist die mittlere Geschwindigkeitskomponente $\bar{v}$ gegeben durch $\bar{v} = \frac{bt}{2}$, wobei $t = \frac{\bar{l}}{\bar{c}}$ die Zeit zwischen zwei Zusammenstößen bedeutet. Die Anzahl von Elektronen, die dann in Richtung des Feldes in der Zeiteinheit mehr den Querschnitt durchfliegt und damit den elektrischen Strom bildet, ist somit:

$$n_\varepsilon \bar{v} = \frac{\varepsilon F}{m_\varepsilon} \left( n_\varepsilon \frac{\bar{l}}{2\bar{c}} \right). \qquad [49]$$

Für den Fall, daß wir uns auch bei der Berechnung der elektrischen Leitfähigkeit nicht mit der Näherung einer gleichen, mittleren Geschwindigkeit $\bar{c}$ zufriedengeben, ist zu beachten, daß die Änderung der Verteilung durch das elektrische Feld im Klammerausdruck in [49] zu berücksichtigen ist (vgl. Abschn. 1.4.2.3. Gl. [67]).

Da jedes Elektron die Ladung ε transportiert, ist der Elektronenstrom $i = \varepsilon\, n_\varepsilon\, \bar{v}$ im Hinblick auf [49] in der Form darzustellen:

$$i = \varepsilon^2 \frac{\bar{c}\, \overline{l n_\varepsilon}}{2} \cdot \frac{F}{m_\varepsilon \bar{c}^2} = \frac{\varepsilon^2}{kT} \frac{\bar{c}\, \overline{l n_\varepsilon}}{6} F, \qquad [50]$$

wobei wir wiederum [38] berücksichtigt haben. Bezeichnen wir nunmehr die elektrische Leitfähigkeit mit σ, so folgt:

$$\sigma = \frac{i}{F} = \frac{\varepsilon^2}{kT} \frac{\bar{c}\, \overline{l n_\varepsilon}}{6}. \qquad [51]$$

### 1.4.1.4. Wiedemann-Franz-Lorenzsches Gesetz

Durch Division der Gleichungen [48] und [51] erhalten wir für das Verhältnis der thermischen zur elektrischen Leitfähigkeit aus der *Drude*schen Elektronentheorie das Ergebnis:

$$\frac{\kappa}{\sigma} = 3 \cdot \left(\frac{k}{\varepsilon}\right)^2 \cdot T. \qquad [52]$$

Die Theorie liefert in der Tat das empirisch gefundene Gesetz (vgl. Abschn. 1.3.1.). Für die Konstante ergibt sich durch Einsetzen der Werte von k und ε (in e. st. Einheiten) der Wert:

$$3 \cdot \left(\frac{k}{\varepsilon}\right)^2 = 2,18 \cdot 10^{-3}\, \text{g} \text{s}^{-2}\, \text{K}^{-2}. \qquad [53]$$

### 1.4.1.5. Galvano- und thermomagnetische Effekte

Wir legen der Aufstellung der Ausgangsgleichungen eine rechteckige Metallplatte zugrunde, deren Kanten in Richtung der x- bzw. y-Achse weisen (Abb. 12). Wir beschränken uns auf die Effekte im transversalen Magnetfeld, dessen Kraftlinien in Richtung der negativen z-Achse verlaufen sollen. Dann erfährt ein Elektronenstrom $i_\varepsilon$ in Richtung der positiven x-Achse eine Ablenkung im Sinne abnehmender y-Werte. Unter der Annahme, daß an den Kanten der Platte keine Stromabnahme erfolgt, wird sich im stationären Zustand eine Spannungsdifferenz $U_y$ einstellen, welche der vom Magnetfeld H auf das einzelne Elektron wirkenden Kraft $(K_m)$ über das neu entstandene, transversale elektrische Feld $F_y$ entgegenwirkt $(K_e)$. Bezeichnen wir die Kräfte in Richtung wachsender y mit positiven, in Richtung abnehmender y mit negativen Werten, so wirkt auf ein die Platte durchwanderndes Elektron die transversale Kraft $\varepsilon[F_y - \bar{v} H]$, wenn wir von der Beziehung [14] Gebrauch machen.

In Analogie zu [49] wird die Anzahl der Elektronen, die mit der mittleren Geschwindigkeit $\bar{u}_y$ unter dem Einfluß der transversalen Kraft in Richtung der $y$-Achse wandern, durch $n_y = n_\varepsilon \bar{u}_y$ gegeben sein. Die Geschwindigkeit $\bar{u}_y$ errechnet sich aus der Beschleunigung $b_y$, welche die transversale Kraft den Elektronen erteilt, in der gleichen Weise, wie wir dies in Abschn. 1.4.1.3. kennengelernt haben: $\bar{u}_y = \dfrac{b_y t}{2} = b_y \dfrac{l}{2\bar{c}}$. Die Anzahl der in Richtung der $y$-Achse strömenden Elektronen unter dem Einfluß der transversalen Kraft $\varepsilon[F_y - \bar{v}H]$ ist demnach:

$$n_y = n_\varepsilon \varepsilon (F_y - \bar{v}H) \frac{l}{2m_\varepsilon \bar{c}} = n_\varepsilon \varepsilon (F_y - \bar{v}H) \frac{\bar{c}l}{6kT}, \qquad [54]$$

indem wir wieder [38] berücksichtigt haben. Im stationären Gleichgewichtszustand muß dieser Strömung ein entgegengesetzt gerichteter Diffusionsstrom das Gleichgewicht halten, der durch das Elektronenkonzentrationsgefälle bedingt ist, welches die Aufladung der Kanten der Metallplatte (Breite $b_y$) hervorruft.

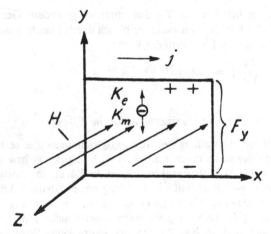

Abb. 12. Zur Berechnung der galvanomagnetischen Effekte

Zur Berechnung der Anzahl der Elektronen, die infolge des Konzentrationsgefälles in Richtung der $y$-Achse wandern, können wir uns eines modifizierten Ansatzes der *Boltzmann*schen Transportgleichung der Form [43] bedienen. Da $G$ in diesem Fall die Teilchenzahl $n_\varepsilon$ selbst ist, darf dort statt $l$ die mittlere freie Weglänge $\bar{l}$ gesetzt werden (vgl. Abschn. 1.4.1.3. Gl. [49]). Wir erhalten als *Boltzmann*sche Gleichung:

$$n_y = \frac{\bar{c}\bar{l}}{3} \frac{dn_\varepsilon}{dy}.$$ [55]

Die Verbindung von [54] und [55] ergibt die gesuchte Gleichgewichtsbedingung in Richtung der $y$-Achse:

$$\varepsilon(F_y - \bar{v}H) = 2kT \frac{d\ln n_\varepsilon}{dy}.$$ [56]

Schließen wir nunmehr auch die Longitudinaleffekte mit in den Kreis unserer Betrachtungen ein, so wissen wir bereits, daß ein longitudinales Magnetfeld zur Entstehung einer longitudinalen Spannungsdifferenz Anlaß gibt (vgl. Abschn. 1.3.2.3.). Außer deren elektrischem Feld $F_l$ wirkt in der $x$-Richtung noch das Feld $F_a$ der äußeren Spannung, welche den primären Strom (wenigstens im Fall der galvanomagnetischen Effekte) veranlaßt. Wir wollen unter $F_x$ im folgenden stets die Resultierende dieser beiden Felder verstehen. Wenn wir wie oben mit $n_\varepsilon\bar{v}$ die Anzahl Elektronen bezeichnen, die den primären elektrischen Strom bilden, so läßt sich die der Gleichung [56] entsprechende Gleichgewichtsbedingung für die $x$-Richtung sofort angeben:

$$n_\varepsilon\bar{v} = n_\varepsilon\bar{u}_x - \frac{\bar{c}\bar{l}}{3} \frac{dn_\varepsilon}{dx} = \frac{\bar{c}\bar{l}n_\varepsilon}{6}\left(\frac{\varepsilon F_x}{kT} - 2\frac{d\ln n_\varepsilon}{dx}\right),$$ [57]

wobei wir für $\bar{u}_x$ in Analogie zu Gleichung [54] setzen:

$$\bar{u}_x = \varepsilon F_x \frac{\bar{c}\bar{l}}{6kT}.$$

Vom Standpunkt der kinetischen Gastheorie bedeutet das Auftreten eines Teilchen-Konzentrationsgefälles das Vorhandensein einer Temperaturdifferenz. Die Teilchenzahl wird also in erster Linie eine Funktion der Temperatur sein, die ihrerseits erst wieder von den Ortskoordinaten abhängt. Wir können dies in der Schreibweise der Differentialquotienten zum Ausdruck bringen.

Als Ausgangsgleichungen zur Behandlung aller galvano- und thermomagnetischen Effekte vom Standpunkt der *Drude*schen Elektronentheorie erhalten wir demnach folgendes Gleichungssystem:

$$i_\varepsilon = \varepsilon n_\varepsilon \bar{v}$$

$$\bar{v} = \frac{\bar{c}\,\bar{l}}{6} \left( \frac{\varepsilon F_x}{kT} - 2 \frac{d\ln n_\varepsilon}{dT} \frac{\partial T}{\partial x} \right) \qquad [58]$$

$$\varepsilon(F_y - \bar{v}H) = 2kT \frac{d\ln n_\varepsilon}{dT} \frac{\partial T}{\partial y}.$$

In diesen Gleichungen sind $\varepsilon$, $\bar{c}$, $\bar{l}$, $n_\varepsilon$ und $\dfrac{d\ln n_\varepsilon}{dT}$ Materialkonstanten.

Von den sechs veränderlichen Größen: $i_\varepsilon$, $\bar{v}$, $F_x$, $F_y$, $\dfrac{\partial T}{\partial x}$, $\dfrac{\partial T}{\partial y}$ müssen drei gegeben sein, um die anderen berechnen zu können. Dabei ist zu beachten, daß $\bar{v}$ durch die erste Gleichung allein mit $i_\varepsilon$ verkoppelt ist.

Zur Bestimmung des Gesetzes für den Halleffekt, das wir als Anwendungsbeispiel vermittels der Gleichungen [58] ableiten wollen, gehen wir davon aus, daß $i_\varepsilon$ (und damit auch $\bar{v}$) vorgegeben ist und keine Temperaturdifferenzen vorhanden sind $\left[ \dfrac{\partial T}{\partial x} = 0, \dfrac{\partial T}{\partial y} = 0 \right]$ sowie wegen des transversalen Magnetfeldes kein longitudinaler Spannungseffekt auftritt, so daß $F_x = F_a$ wird. Dann liefert die Kombination der ersten und dritten Gleichung für die transversale Spannungsdifferenz $U_y$, die Hallspannung, die Beziehung:

$$F_y \cdot b_y = U_y = \frac{1}{\varepsilon n_\varepsilon} i_\varepsilon H, \qquad [59]$$

wie wir sie als empirisch gefundenes Gesetz in der Tab. 3 angegeben finden. Für die Hallkonstante $R_H$ erhält man den Wert:

$$R_H = \frac{1}{\varepsilon n_\varepsilon}. \qquad [60]$$

Mit Hilfe der Gleichung [51] können wir die Hallkonstante in Beziehung zur elektrischen Leitfähigkeit setzen. Es ergibt sich bei Beachtung von [38]:

$$R_H \cdot \sigma = \text{const.} \frac{\varepsilon}{m_\varepsilon} \qquad [61]$$

bei konstanter Temperatur. Es fällt besonders auf, daß dieses Produkt unabhängig von der Feldstärke $H$ des transversalen Magnetfeldes ist.

Die Gleichung [60] weist darauf hin, daß man die Hallkonstante zur Bestimmung der Elektronenkonzentration verwenden kann; ein Verfahren, das sich insbesondere an elektronischen Halbleitern bewährt hat.

46

## 1.4.2. Die Erweiterung der Theorie durch H. A. Lorentz und A. Sommerfeld

### 1.4.2.1. Allgemeine Betrachtungen

Die Drudesche Theorie basierte auf der Annahme, daß die Elektronen sämtlich die gleiche mittlere Geschwindigkeit $\bar{c}$ besitzen. Dies entspricht offensichtlich nicht den wirklichen Verhältnissen. Denn man sieht leicht ein, daß sich bei regellosen Zusammenstößen im Raum eine Geschwindigkeitsverteilung einstellen muß, wie sie z. B. von der kinetischen Wärmetheorie her bekannt ist. Im Gegenteil, es muß überraschen, daß die stark vereinfachende Annahme der Drudeschen Theorie bereits zu recht guten Übereinstimmungen mit dem Experiment führt. Die Erweiterungen der Theorie zielen daher darauf hin, die Elektronengastheorie durch Berücksichtigung der Geschwindigkeitsverteilung wirklichkeitsnäher zu gestalten. Wie wir bereits oben feststellten (vgl. Abschn. 1.4.1.1.), führt die ungestörte Elektronenbewegung im stationären thermischen Gleichgewicht zu keinem elektrischen Strom, weil gleichviel Elektronen von beiden Seiten her durch den Querschnitt gehen. Ein Überschuß nach einer Seite tritt erst auf, wenn das Gleichgewicht durch ein elektrisches Feld gestört wird.

### 1.4.2.2. Störung der Verteilung

Im Fall der Drudeschen Theorie gibt die Gleichung [49] den Störanteil wieder, der sich additiv der ungestörten Bewegung überlagert und in dem kraft der Drudeschen Grundannahme der konstante mittlere Geschwindigkeitswert $\bar{c}$ maßgeblich auftritt. An dieser Stelle knüpfen die Erweiterungen an. An die Stelle von $\bar{c}$ hat die jeweils herrschende wirkliche Geschwindigkeit $c$ zu treten, die sich aufgrund eines Geschwindigkeitsverteilungsgesetzes $f(c, r)$ errechnet. Die Verteilungsfunktion $f(c, r)$ gibt dabei den Bruchteil der Anzahl von Elektronen mit der Geschwindigkeit $c$ an, die an der Stelle $r$ in der Volumeneinheit vorhanden sind ($n_e$). Im stationären thermischen Gleichgewicht ist die Verteilungsfunktion überall im Raum die gleiche, d. h. ihre Abhängigkeit von $r$ kann außer Betracht gelassen werden. Wir schreiben für die ungestörte Verteilungsfunktion daher $f_0(c, r)$ oder auch $f_0(c)$, wenn letzteres nicht zu Mißverständnissen führen kann. Eine Störung kann die Verteilung durch ein elektrisches ($\vec{F}$) oder thermisches (grad $\Theta$) Feld erfahren. Zu ihrer rechnerischen Erfassung wird es zweckmäßig sein, die Geschwindigkeit $c$ und die Entfernung $r$ auf ein rechtwinkliges Koordinatensystem zu beziehen, so daß gilt:

$$\text{und} \quad \begin{aligned} c^2 &= c_x^2 + c_y^2 + c_z^2 \\ r^2 &= x^2 + y^2 + z^2, \end{aligned} \qquad [62]$$

wobei $c_x$, $c_y$, $c_z$ bzw. $x$, $y$, $z$ die Komponenten des Geschwindigkeits- bzw. Ortvektors sind. Zweckmäßigerweise wird man die $x$-Achse in die Richtung des jeweiligen Feldes legen.

Die Störung der Verteilung durch das *elektrische* Feld besteht darin, daß die Elektronen mit der Geschwindigkeit $c$ während der Flugzeit $\Delta t = \dfrac{l}{c}$ ($l$ mittlere freie Weglänge) zwischen zwei Zusammenstößen aufgrund der Beschleunigung $b = \dfrac{\varepsilon}{m_\varepsilon} F$ durch das elektrische Feld $\vec{F}$ einen Geschwindigkeitszuwachs $\Delta c_x$ erfahren:

$$\Delta c_x = \frac{\varepsilon}{m_\varepsilon} F \frac{l}{c}. \qquad [63]$$

Die Störung durch das *thermische* Feld folgt daraus, daß sich die Verteilung als Funktion des Ortes ($x$) längs des Flugweges $\Delta x = c_x \Delta t$ aufgrund des Temperaturgefälles zwischen zwei Zusammenstößen ändert:

$$\Delta x = c_x \frac{l}{c}. \qquad [64]$$

Diese Überlegungen gestatten uns, für die durch Potential- und Temperaturgefälle gestörte Verteilung $f(c,r) = f(c_x,c_y,c_z,x,y,z)$ in erster Näherung die Beziehung anzugeben:

$$\begin{aligned} f(c_x,c_y,c_z,x,y,z) &= f_0(c_x,c_y,c_z,x,y,z) \\ &\quad + \frac{\partial f_0}{\partial c_x} \Delta c_x + \frac{\partial f_0}{\partial x} \Delta x. \end{aligned} \qquad [65]$$

Unter Beachtung der oben gewonnenen Ausdrücke für $\Delta c_x$ [63] und $\Delta x$ [64] sowie der Möglichkeit, den Differentialquotienten $\dfrac{\partial f_0}{\partial c_x}$ in

$$\frac{\partial f_0}{\partial c} \frac{\partial c}{\partial c_x} = \frac{\partial f_0}{\partial c} \frac{c_x}{c} \text{ [wegen [62]] umzuformen, folgt:}$$

$$f = f_0 + c_x \left( \frac{\varepsilon}{m_\varepsilon} F \frac{l}{c^2} \frac{\partial f_0}{\partial c} + \frac{l}{c} \frac{\partial f_0}{\partial x} \right). \qquad [66]$$

Diese allgemeine Beziehung gestattet, Ausdrücke für die elektrische ($\sigma$) und thermische ($\kappa$) Leitfähigkeit zu gewinnen, welche den oben im *Drude*schen Fall erhaltenen entsprechen [[51] und [48]].

## 1.4.2.3. Elektrische Leitfähigkeit

Wir behandeln zuerst den Fall der Störung durch ein elektrisches Feld. Der Strom $i = \sigma F$ soll dabei von der $x$-Komponente der Bewegung der Elektronen unter der Einwirkung der elektrischen Feldstärke $\vec{F}$ gebildet werden. Ihre Geschwindigkeit $c$ kann dabei alle möglichen Beträge und Richtungen annehmen. Die Anzahl von Elektronen in der Volumeneinheit, welche die Geschwindigkeit $c$ besitzen, wird durch die Verteilungsfunktion angegeben. Die oben benutzte Beziehung (vgl. Abschn. 1.4.1.3. Gl. [50]): $i = \varepsilon n_\varepsilon \bar{v}$ geht unter Beachtung von [66] über in:

$$i = \varepsilon \int\limits_{c=0}^{\infty} \int\limits_{\varphi=0}^{2\pi} \int\limits_{\vartheta=0}^{\pi} c_x \cdot c_x \, \frac{\varepsilon}{m_\varepsilon} \, F \, \frac{l}{c^2} \, \frac{\partial f_0}{\partial c} \cdot c^2 \sin\vartheta \, d\vartheta \, d\varphi \, dc, \quad [67]$$

wobei $c_x$ dem $\bar{v}$ und $n_\varepsilon$ den übrigen Größen entspricht. Wir haben dabei berücksichtigt, daß die ungestörte Verteilung keinen Beitrag zum Strom liefert, und daß bei reiner elektrischer Störung, die im thermischen Gleichgewicht erfolgt, keine Änderung der Verteilung in Abhängigkeit von $x$ auftritt, also $\frac{\partial f_0}{\partial x} = 0$ ist. Bedenken wir ferner, daß wir wegen der Kugelsymmetrie aufgrund der Gleichung [62] für $c_x^2$ setzen dürfen: $c_x^2 = \frac{1}{3} c^2$, so geht [67] unter teilweiser Ausführung der Integrationen über in:

$$i = \frac{4}{3} \pi \, \frac{\varepsilon^2 l}{m_\varepsilon} \, F \int\limits_{0}^{\infty} c^2 \, \frac{\partial f_0}{\partial c} \, dc. \quad [68]$$

Eine partielle Integration des Integrals liefert:

$$\int\limits_{0}^{\infty} c^2 \, \frac{\partial f_0}{\partial c} \, dc = [c^2 f_0]_0^\infty - 2 \int\limits_{0}^{\infty} c f_0 \, dc. \quad [69]$$

Da $c$ an der unteren und $f_0$ an der oberen Grenze verschwinden, wird der Klammerausdruck Null, und wir erhalten:

$$\sigma = \frac{i}{F} = -\frac{8}{3} \pi \, \frac{\varepsilon^2 l}{m_\varepsilon} \int\limits_{0}^{\infty} c f_0 \, dc. \quad [70]$$

Damit haben wir eine allgemeine Beziehung für die elektrische Leitfähigkeit beim Vorhandensein einer noch nicht näher festgelegten Geschwindigkeitsverteilung ($f_0$) gefunden.

## 1.4.2.4. Wärmeleitfähigkeit

In entsprechender Weise läßt sich auch der Fall der Störung durch ein *thermisches* Feld behandeln und ein Weg zur Bestimmung der Wärmeleitfähigkeit gewinnen. Jedes Elektron transportiert in der Zeiteinheit auf der Wegstrecke $x_1 = c_x$ die kinetische Energie $\frac{1}{2} m_\varepsilon c^2$. Die Anzahl der Elektronen verschiedener Geschwindigkeiten errechnet sich wieder mittels der Verteilungsfunktion [66]. Da $\frac{\partial f_0}{\partial c}$ nicht verschwindet, wird die Berechnung komplizierter als im rein elektrischen Fall. Es ergibt sich für den Wärmestrom $W$:

$$W = \frac{m_\varepsilon}{2} \int\limits_{\vartheta=0}^{\frac{\pi}{2}} \int\limits_{\varphi=0}^{2\pi} \int\limits_{c=0}^{\infty} c_x \, c^2 \, c_x \left( \frac{\varepsilon}{m_\varepsilon} F \frac{l}{c^2} \frac{\partial f_0}{\partial c} + \frac{l}{c} \frac{\partial f_0}{\partial x} \right) c^2 \sin^2 \vartheta \, d\vartheta \, d\varphi \, dc .$$

[71]

Durch teilweise Integration und unter Beachtung der Beziehung $c_x^2 = \frac{c^2}{3}$ folgt:

$$W = \frac{2\pi}{3} m_\varepsilon l \int\limits_0^\infty c^6 \left( \frac{\varepsilon}{m_\varepsilon c^2} F \frac{\partial f_0}{\partial c} + \frac{1}{c} \frac{\partial f_0}{\partial x} \right) dc$$

oder:

$$W = \frac{2\pi}{3} m_\varepsilon l \left\{ \frac{\varepsilon F}{m_\varepsilon} \int\limits_0^\infty c^4 \frac{\partial f_0}{\partial c} \, dc + \frac{\partial}{\partial x} \int\limits_0^\infty c^5 f_0 \, dc \right\} .$$

Durch partielle Integration läßt sich das erste Integral umformen. Man erhält:

$$W = \frac{2\pi}{3} m_\varepsilon l \left\{ - \frac{4\varepsilon F}{m_\varepsilon} \int\limits_0^\infty c^3 f_0 \, dc + \frac{\partial}{\partial x} \int\limits_0^\infty c^5 f_0 \, dc \right\} . \qquad [72]$$

Da die Elektronen auch Ladung transportieren, ein elektrischer Strom bei Wärmeleitung aber nicht auftritt, muß der [72] entsprechende Ausdruck für den elektrischen Strom verschwinden ($i = 0$). Der Ausdruck für den Strom ist:

$$i = \frac{4\pi}{3} \varepsilon l \left\{ - \frac{2\varepsilon F}{m_\varepsilon} \int\limits_0^\infty c f_0 \, dc + \frac{\partial}{\partial x} \int\limits_0^\infty c^3 f_0 \, dc \right\} = 0 . \qquad [73]$$

Aus den beiden Gleichungen ist $F$ zu eliminieren und $W$ zu berechnen. Die Wärmeleitfähigkeit $\kappa$ ergibt sich aus $W$ durch Division mit $\frac{\partial T}{\partial x}$. Die Elimination wird jedoch zweckmäßigerweise erst nach Annahme einer bestimmten Verteilung und Ausführung der Integrationen durchgeführt, da sich allgemein die beiden Gleichungen [72] und [73] nicht weiter vereinfachen lassen. Wegen der Durchführung dieser Rechnungen sei auf die Originalarbeiten von *H. A. Lorentz* (50) und *A. Sommerfeld* (51) verwiesen. Im folgenden sollen nur die Ergebnisse dieser Autoren angegeben werden.

### 1.4.2.5. Wiedemann-Franz-Lorenzsches Gesetz nach H.A.Lorentz

*H. A. Lorentz* wählte als ungestörte Geschwindigkeitsverteilung $f_0$ die klassische *Maxwell-Boltzmann*sche Verteilungsfunktion in der Form (Abb. 13a)

$$f_0(c) = n_\varepsilon \left( \frac{m_\varepsilon}{2\pi k T} \right)^{3/2} c^2 e^{-\frac{m_\varepsilon c^2}{2kT}} \qquad [74]$$

und erhielt für die elektrische Leitfähigkeit $\sigma_L$ durch Einsetzen in [70]:

$$\sigma_L = \frac{4}{3} \frac{\varepsilon \bar{l} n_\varepsilon}{\sqrt{2\pi m_\varepsilon k T}} \qquad [75]$$

sowie für die Wärmeleitfähigkeit $\kappa_L$ aus dem Gleichungssystem [72, 73]:

$$\kappa_L = \frac{8}{3} \frac{k^2 T \bar{l} n_\varepsilon}{\sqrt{2\pi m_\varepsilon k T}} . \qquad [76]$$

Für die Konstante des *Wiedemann-Franz-Lorenz*schen Gesetzes folgt aus [75] und [76]:

$$\frac{\kappa_L}{\sigma_L T} = 2 \left( \frac{k}{\varepsilon} \right)^2 = 1,45 \cdot 10^{-13} \, \mathrm{g\,s^{-2}\,K^{-2}} . \qquad [77]$$

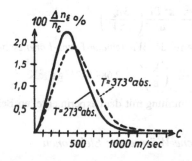

Abb. 13a. *Maxwell-Boltzmann*sche Verteilung $\left( \text{mit } \frac{\Delta n_\varepsilon}{n_\varepsilon} = \frac{f_0(c)\,\Delta c}{n_\varepsilon} \right)$

Überraschenderweise erhält man trotz wirklichkeitsnäherer Beschreibung des Vorgangs eine schlechtere Übereinstimmung mit dem experimentell sehr präzise bestimmten Wert (vgl. Abschn. 1.3.1. [36]) der Konstanten des *Wiedemann-Franz-Lorenz*schen Gesetzes, eine Übereinstimmung, die man mit Recht von einer Anerkennung beanspruchenden Elektronentheorie der metallischen Leitfähigkeit fordern muß. Das Versagen in dieser Beziehung bei Zugrundelegung der *Maxwell-Boltzmann*schen Geschwindigkeitsverteilung brachte die Elektronengastheorie in schweren Mißkredit, zumal sich außerdem in keiner Weise erklären ließ, warum kein Beitrag der Elektronen zur spezifischen Wärme der Metalle zu beobachten ist. Hier brachte erst die Anwendung einer anderen Geschwindigkeitsverteilung die endgültige Wendung zugunsten der Elektronengasvorstellung.

### 1.4.2.6. Wiedemann-Franz-Lorenzsches Gesetz nach Sommerfeld

*A. Sommerfeld* legte seinen Untersuchungen die *Fermi*sche Geschwindigkeitsverteilung zugrunde, als ungestörte Verteilung in der Gestalt:

$$f_0(c) = \frac{2 m_\varepsilon^3}{h^3} \cdot \frac{1}{B e^{\frac{m_\varepsilon c^2}{2kT}} + 1}. \qquad [78]$$

Für die elektrische Leitfähigkeit $\sigma_s$ ergibt sich in Verbindung mit [70]:

$$\sigma_s = \frac{8\pi}{3} \frac{\varepsilon^2 l}{h} \left( \frac{3 n_\varepsilon}{8\pi V} \right)^{2/3}, \qquad [79]$$

worin $V$ das vom Elektronengas eingenommene Volumen bedeutet. Entsprechend folgt aus dem Gleichungssystem [72, 73] für die Wärmeleitfähigkeit $\kappa_s$:

$$\kappa_s = \frac{8\pi^3}{9} \frac{k^2 T l}{h} \left( \frac{3 n_\varepsilon}{8\pi V} \right)^{2/3} \qquad [80]$$

und für die Konstante des *Wiedemann-Franz-Lorenz*schen Gesetzes:

$$\frac{\kappa_s}{\sigma_s T} = \frac{\pi^2}{3} \left( \frac{k}{\varepsilon} \right)^2 = 2{,}68 \cdot 10^{-13} \, \mathrm{g \, s^{-2} K^{-2}} \qquad [81]$$

in bester Übereinstimmung mit dem experimentellen Befund [36].

### 1.4.2.7. Spezifische Wärme der Elektronen

Wie bereits oben erwähnt (vgl. Abschn. 1.3.1. und 1.4.2.5.), war es u.a. der mangelnde Einfluß der Elektronen auf die spezifische Wärme der Metalle, den die Elektronentheorie auch in der *Lorentz*schen Fassung nicht erklären konnte. Es soll daher im folgenden die innere Energie $U$, deren Differentialquotient nach der Temperatur $\dfrac{dU}{dT}$ die spezifische Wärme liefert, zunächst allgemein und dann speziell für die *Lorentz*sche und *Sommerfeld*sche Theorie berechnet und die Ergebnisse miteinander verglichen werden.

Die kinetische Energie eines Elektrons beträgt $^{1}/_{2}\, m_{\varepsilon} c^{2}$. Diese ist mit der Anzahl $dn(c)$ der Elektronen (von gleicher Geschwindigkeit $c$ und damit auch gleicher Energie) zu multiplizieren. Dann erhält man die innere Energie $dU(c)$ aller Elektronen mit der Geschwindigkeit $c$:

$$dU(c) = {}^{1}/_{2}\, m_{\varepsilon} c^{2}\, dn(c)\,. \qquad [82]$$

Die Anzahl $dn(c)$ errechnet sich mit Hilfe der Geschwindigkeitsverteilung $f_{0}(c)$ zu:

$$dn(c) = 4\pi c^{2} f_{0}(c)\,dc\,, \qquad [83]$$

wenn wir uns für diesen Zweck alle Geschwindigkeitsvektoren aller möglichen Richtungen von einem Punkt aufgetragen denken und berücksichtigen, daß ihre Endpunkte dann sämtlich in einer Kugelschale der Dicke $dc$ und des Volumens $4\pi c^{2}\,dc$ liegen. Aus [82] und [83] folgt für die innere Energie $U$ die allgemeine Gleichung:

$$U = 2\pi m_{\varepsilon} \int\limits_{0}^{\infty} c^{4} f_{0}(c)\,dc\,. \qquad [84]$$

Setzen wir mit *H. A. Lorentz* in diese Gleichung für $f_{0}(c)$ die *Maxwell-Boltzmann*sche Verteilung [74] ein, substituieren im Integranden für $\dfrac{m_{\varepsilon} c^{2}}{2kT}$ die Größe $z$, integrieren zweimal partiell, wobei wir die Gammafunktion $\Gamma\,(^{1}/_{2})$ erhalten, und berücksichtigen, daß deren Wert $\sqrt{\pi}$ ist, so ergibt sich das einfache Resultat:

$$U_{L} = \frac{3}{2}\, n_{\varepsilon} kT \qquad [85]$$

und daraus die spezifische Wärme:

$$\frac{dU_{L}}{dT} = \frac{3}{2}\, R \qquad [86]$$

mit $R = n_{\varepsilon} \cdot k$ der Gaskonstanten (wegen $n_{\varepsilon} \approx N$; vgl. [40a] und [1]). Danach müßten die Elektronen voll am Zustandekommen der spezifischen Wärme — entgegen dem experimentellen Befund — beitragen.

53

Wählen wir nach *A. Sommerfeld* jedoch die *Fermi*sche Verteilung [78] für $f_0(c)$ in [84], so ergibt sich mit der bereits oben vorgenommenen Substitution von $z$ für $\dfrac{m_\varepsilon c^2}{2kT}$ im Integranden:

$$U_s = \frac{2\pi}{h^3 m_\varepsilon} (2\pi m_\varepsilon kT)^{5/2} \int\limits_0^\infty z^{3/2} \frac{1}{Be^z + 1} \, dz \, . \qquad [87]$$

Da sich das in [87] auftretende Integral nicht geschlossen integrieren läßt, stellen wir folgende Überlegung an, um zu einer Näherung zu gelangen: Solange $Be^z \ll 1$ ist, wird der Verlauf der Integrandenfunktion $I(z)$ durch $z^{3/2}$ bestimmt, für $Be^z \gg 1$ überwiegt die e-Funktion und führt zu einem asymptotischen Abklingen gegen Null (Abb. 13b). Zeichnet man durch $z_0$ – einen Wert, der durch $Be^{z_0} = 1$ bzw. $z_0 = \ln \dfrac{1}{B}$ bestimmt wird – eine Parallele zur Ordinate, so erkennt man, daß die beiden schraffiert gezeichneten Flächenstücke angenähert gleich groß sind.

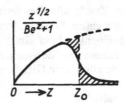

Abb. 13b. Zur Integration des Integrals $\int\limits_0^\infty z^{1/2} \dfrac{dz}{Be^z + 1}$

In erster Näherung dürfen wir daher das in [87] auftretende Integral ersetzen durch:

$$\int\limits_0^\infty z^{3/2} \frac{1}{Be^z + 1} \, dz \approx \int\limits_0^{\ln 1/B} z^{3/2} \, dz = \frac{2}{5} \left( \ln \frac{1}{B} \right)^{5/2} . \qquad [88]$$

Zur Bestimmung von $\left( \ln \dfrac{1}{B} \right)$ können wir uns der Beziehung [83] bedienen. Denn es muß gelten:

$$n_\varepsilon = \int\limits_0^\infty dn(c) = \frac{4\pi}{h^3} (2m_\varepsilon kT)^{3/2} \int\limits_0^\infty z^{1/2} \frac{1}{Be^z + 1} \, dz \, . \qquad [89]$$

Für das in [89] auftretende Integral liefert eine [88] entsprechende Näherungslösung (Abb. 13 b):

$$\int_0^\infty z^{1/2} \frac{1}{Be^z + 1} dz \approx \int_0^{\ln 1/B} z^{1/2} dz = \frac{2}{3} \left( \ln \frac{1}{B} \right)^{3/2}. \qquad [90]$$

Aus [89] und [90] folgt für $\ln \dfrac{1}{B}$:

$$\ln \frac{1}{B} = \frac{h^2}{2m_\varepsilon kT} \left( \frac{3n_\varepsilon}{8\pi} \right)^{3/2}. \qquad [91]$$

Nunmehr sind wir in der Lage, eine Näherungslösung für [87] anzugeben, in Verbindung mit [91] und [88] folgt:

$$U_s \approx \frac{4\pi h^2}{5m_\varepsilon} \left( \frac{3n_\varepsilon}{8\pi} \right)^{5/3}, \qquad [92]$$

d. h. die innere Energie $U_s$ des Elektronengases erweist sich unter der Annahme einer *Fermi*schen Geschwindigkeitsverteilung in erster Näherung als unabhängig von der Temperatur $T$. Man erhält daher für die spezifische Wärme:

$$\frac{dU_s}{dT} \approx 0, \qquad [93]$$

ein Ergebnis, das von der experimentellen Erfahrung gefordert wird. Das Elektronengas verhält sich demnach bei normalen Temperaturen ($T \approx 300$ K) so, wie ein natürliches Gas in der Nähe des absoluten Nullpunktes ($T \approx 0$ K). Man bezeichnet diesen Zustand als *Gasentartung*. Infolge vollständiger Besetzung der niedrigen Energieniveaus kann kein Energieaustausch stattfinden. Die Besetzungszahl ist durch das *Pauli*sche Ausschlußprinzip eingeschränkt, das sich als heuristisches – empirisch gefundenes – Prinzip in der Atomtheorie außerordentlich bewährt hat und dessen Aussage dort so formuliert wird, daß jeder durch die Quantenzahlen n (Haupt-), l (Neben-) und m (Orientierungsquantenzahl) charakterisierte Zustand nur einmal vorhanden sein darf. Da Elektronen außerdem einen Spin besitzen, der sie unterscheidet, dürfen 2 Elektronen, die in n, l, m übereinstimmen, aber entgegengesetzten Spin haben, den gleichen Energiezustand besitzen.

In zweiter Näherung erhält man für das Integral [88] eine Lösung, die neben einem – [92] entsprechenden – konstanten Glied ein zweites $T^2$ proportionales aufweist (vgl. *A. Sommerfeld* (51)). In zweiter Näherung geht [93] damit über in:

$$\frac{dU_s}{dt} = \text{const.} \cdot T. \qquad [94]$$

Der Wert der Konstanten ist so klein, daß ein merklicher Beitrag zur spezifischen Wärme erst bei Temperaturen der Größenordnung $10^4$ K auftritt. Bis zu solchen Temperaturen ist das Elektronengas demnach entartet. Im Gegensatz zum temperaturunabhängigen Wert der spezifischen Wärme, der aus der *Maxwell-Boltzmann*schen Verteilung folgte [86], verschwindet der in zweiter Näherung mittels der *Fermi*-Verteilung errechnete Wert [94] für $T = 0$ K und wird damit dem 3. Hauptsatz der Thermodynamik (*Nernst*scher Wärmesatz) gerecht, dessen Inhalt in der Unerreichbarkeit des absoluten Nullpunktes — und damit des Verschwindens der spezifischen Wärme für $T \to 0$ K — besteht.

Mit diesen Aussagen über die spezifische Wärme der Elektronen hat die Elektronengastheorie in der ihr von *A. Sommerfeld* gegebenen Gestalt den schwerstwiegenden Einwand gegen ihre Grundannahmen beseitigt und darf heute als die Theorie gelten, die uns das der Wirklichkeit am nächsten kommende Modell der Vorgänge bei der metallischen Leitfähigkeit liefert.

Bemerkt sei noch, daß die *Sommerfeld*sche Theorie auch für die Hallkonstante $R_H$ [60] eine mit dem experimentellen Befund besser übereinstimmende Beziehung ergibt, nämlich:

$$R_H = \frac{3\pi}{8} \frac{1}{\varepsilon n_\varepsilon}.$$

[95]

## 1.4.2.8. Fermi-Energie

Die folgenden Ausführungen sollen die Folgerungen aus der *Fermi*-Verteilung durch eine andere Art der Darstellung dem Verständnis noch näher bringen:

Die klassischen Elektronentheorien von *Drude* u. *Lorentz* widersprachen zwei experimentellen Phänomenen: dem Anteil der Elektronen an der spezifischen Wärme und der Erfahrung über den Zusammenhang zwischen elektrischer und thermischer Leitfähigkeit (*Wiedemann-Franz-Lorentz*sches Gesetz). Diese Schwierigkeiten der klassischen Elektronentheorien konnte *A. Sommerfeld* durch Anwendung der Quantentheorie beseitigen.

Nach der klassischen Anschauung kann es beliebig viele Elektronen mit der gleichen Bewegungsenergie geben. Jedes Elektron kann bei entsprechender Übertragung jeden Energiebeitrag aufnehmen. In einem Energie-Platzzahl Z-(Zahl der verfügbaren Plätze)Diagramm ist der ganze positive Quadrant erfüllt (siehe Abb. 14), d. h. jede Energie kann von beliebig vielen Elektronen angenommen werden.

Die quantentheoretische Behandlung der Bewegung der Elektronen im Festkörper ist von zwei Gesichtspunkten geprägt.

1. Die möglichen Energiezustände, die die Elektronen einnehmen können, sind gequantelt.

2. Die Besetzungsmöglichkeiten durch Elektronen unterliegen dem Ausschlußprinzip von *Pauli.*

Oder anders ausgedrückt: In jedem Energieniveau finden nur zwei Elektronen mit entgegengesetzter Spinrichtung Platz.

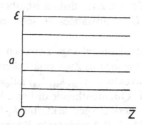

Abb. 14. Elektronen-Energieniveaus nach *Drude* und *Lorentz*

Eine plausible Erklärung für den ersten Gesichtspunkt (1.) können wir analog zur Bewegung der Elektronen im Halbleiter geben, wie wir sie (vgl. Abschn. 1.3.3.1) oben, bzw. unten (vgl. Abschn. 1.5.2.3.) behandelten bzw. noch behandeln werden. Dort zeigen wir, daß die dem Elektron zugeordnete Welle an den Potentialwällen Reflexionen erfährt und infolge Interferenz verschwindet, wenn der Abstand zweier Potentialwälle gerade ein ganzzahliges Vielfaches der halben Wellenlänge beträgt. Entsprechend bewegt sich die Elektronenwelle ohne Auslöschung frei durch das Metallgitter, wenn der Abstand $a$ zweier Potentialwälle ein geradzahliges Vielfaches n der Elektronenwellenlänge $\lambda_\varepsilon$ ist, d. h. wenn gilt:

$$n \cdot \lambda_\varepsilon = a \qquad n = 0, 2, 4, \dots \qquad [96]$$

Da zwischen dem Wellenzahlvektor $\vec{k}_\varepsilon$ und der Wellenlänge $\lambda_\varepsilon$ die Beziehung $|\vec{k}_\varepsilon| = \dfrac{2\pi}{\lambda_\varepsilon}$ besteht, gilt Gleichung [96] im Falle eines dreidimensionalen isotropen Gitters (Gitterabstand $a$) für jede Komponente $k_{\varepsilon x}, k_{\varepsilon y}, k_{\varepsilon z}$ von $\vec{k}_\varepsilon$:

$$k_{\varepsilon x} = k_{\varepsilon y} = k_{\varepsilon z} = 0, \pm \frac{2\pi}{a}, \pm \frac{4\pi}{a}. \qquad [97]$$

Die Energie eines Elektrons $E_{\varepsilon k}$ mit dem Wellenzahlvektor $\vec{k}_\varepsilon$ ist gegeben durch:

$$E_{\varepsilon k} = \frac{|\vec{J}|^2}{2m_\varepsilon} = \frac{\hbar^2}{2m_\varepsilon} k_\varepsilon^2 = \frac{\hbar^2}{2m_\varepsilon} (k_{\varepsilon x}^2 + k_{\varepsilon y}^2 + k_{\varepsilon z}^2), \qquad [98]$$

wobei $k_{\varepsilon x}$, $k_{\varepsilon y}$, $k_{\varepsilon z}$ nur die diskreten Werte der Gleichung [97] annehmen können und $\hbar = \dfrac{h}{2\pi}$ ist sowie $\vec{J} = \hbar\,\vec{k}_\varepsilon$ den Impulsvektor bedeutet. Die quantenmechanische Behandlung eines Elektrons im Metallgitter führt zu der Folgerung, daß das entsprechende Energiespektrum, das die Elektronen besetzen können, zwar diskret ist, aber wegen der atomaren Größenordnung des Gitterabstandes $a$ sehr eng benachbart, also quasikontinuierlich ist.

Die Ableitung des Zusammenhangs zwischen der Platzzahl $Z$ und der Energie $E$ diskutieren wir aus Zweckmäßigkeit im Impulsraum $\hbar\vec{k}_\varepsilon$, der von den Wellenzahlvektoren $(\vec{k}_{\varepsilon x}, \vec{k}_{\varepsilon y}, \vec{k}_{\varepsilon z})$ aufgespannt wird.

Nach [97] fordert die Quantentheorie diskrete Werte für den Wellenzahlvektor $\vec{k}_\varepsilon$. Oder anders ausgedrückt: Im $\vec{k}_\varepsilon$-Raum finden wir nur diskrete (in unserem Modell) äquidistante Punkte in den drei Raumrichtungen, die möglichen Elektronenzuständen entsprechen (siehe Abb. 15). Das Volumen im $\vec{k}_\varepsilon$-Raum, in dem ein Elektron sich aufhalten darf, ist nach [97] gleich $\left(\dfrac{2\pi}{a}\right)^3$. Die Anzahl $w(\vec{k}_\varepsilon)$ erlaubter Werte von $\vec{k}_\varepsilon$ im Einheitsvolumen des $\vec{k}_\varepsilon$-Raumes ist dann:

$$w(\vec{k}_\varepsilon) = \left(\frac{a}{2\pi}\right)^3. \qquad [99]$$

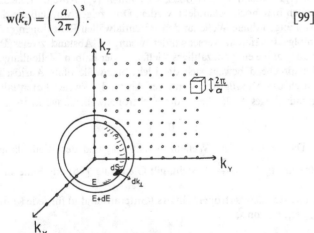

Abb. 15. Darstellung der quantenmechanisch möglichen Zustände im $\vec{k}$-Raum

Die Anzahl $Z_\varepsilon$ der Elektronen im Energieinterwall $E_\varepsilon$ und $E_\varepsilon + dE_\varepsilon$ ist gegeben durch:

$$Z_\varepsilon \, dE_\varepsilon = \int_{\text{Schale}} w(\vec{k}_\varepsilon) \cdot d\vec{k}_\varepsilon \,. \qquad [100]$$

Die Integration zählt die Zustände im $\vec{k}_\varepsilon$-Raum innerhalb einer Schale für Energien, die im Intervall $E_\varepsilon \to E_\varepsilon + dE_\varepsilon$ liegen. Nach Gleichung [98] liegen die Zustände konstanter Energie auf einer Kugeloberfläche (siehe Abb. 15).

Sei $dS_E$ ein Flächenelement auf der Oberfläche konstanter Energie $E$, dann ist das Volumen der Schale zwischen zwei Oberflächen von konstanter Energie $E_\varepsilon$ und $E_\varepsilon + dE_\varepsilon$ gleich $dS_E \cdot dk_{\varepsilon\perp}$, wobei $dk_{\varepsilon\perp}$ die Komponente von $\vec{k}_\varepsilon$ senkrecht zum Flächenelement $dS_E$ ist. Die Integration ist auf der Oberfläche konstanter Energie $E$ auszuführen. Wegen

gilt:
$$dE_\varepsilon = d\vec{k}_\varepsilon \cdot \text{grad } E_\varepsilon = |\text{grad } E_\varepsilon| \, dk_{\varepsilon\perp} \qquad [101]$$

$$Z_\varepsilon \, dE_\varepsilon = \left(\frac{2\pi}{a}\right)^{-3} \left(\int_{E_\varepsilon} dS_E\right) dk_{\varepsilon\perp} = \left(\frac{2\pi}{a}\right)^{-3} \left(\int_{E_\varepsilon} \frac{dS_E}{|\text{grad } E_\varepsilon|}\right) dE_\varepsilon.$$

$$[102]$$

Für das Elektronengas gilt nach [98]:

$$\text{grad } E_\varepsilon = \frac{\hbar^2 \vec{k}_\varepsilon}{m_\varepsilon}. \qquad [103]$$

Die Oberfläche konstanter Energie $E_\varepsilon$ im $\vec{k}_\varepsilon$-Raum ist sphärisch mit der Fläche $S_E = 4\pi k_\varepsilon^2$. Somit gilt für die Platzzahl $Z_\varepsilon$ die Beziehung:

$$Z_\varepsilon = \frac{a^3}{(2\pi)^3} \sqrt{2} \cdot \frac{4\pi m_\varepsilon^{3/2}}{\hbar^3} E_\varepsilon^{1/2}. \qquad [104]$$

Berücksichtigen wir die Tatsache, daß [98] vom Elementarvolumen $a^3$ auf ein beliebiges Volumen $V$ des Metallstücks verallgemeinert werden darf und daß jedes Energieniveau von 2 Elektronen besetzt werden kann, so gilt

$$Z_\varepsilon = \frac{V}{(2\pi)^2} \left(\frac{2m_\varepsilon}{\hbar^2}\right)^{3/2} \cdot E_\varepsilon^{1/2}. \qquad [105]$$

Dieser Zusammenhang ist in Abb. 16 graphisch aufgezeichnet. Die Tatsache, daß die Platzzahl $Z_\varepsilon$ (Anzahl der Energiezustände je Energieintervall) mit der Wurzel der Energie geht, kommt durch die eingezeichnete Treppenkurve zum Ausdruck, die sich an die Parabel anlehnt. Die Energieeigenwerte, die die Elektronen annehmen können, erfüllen den Raum zwischen der $E_\varepsilon$-Achse und der Parabel und bilden — wie man sich in besonders anschaulicher Weise auszudrücken pflegt – das Innere eines Napfes, der mit Elektronen gefüllt werden kann (Potentialtopf).

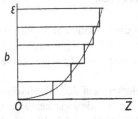

Abb. 16. Elektronen-Energieniveaus nach *Sommerfeld-Fermi*

Nach der klassischen Theorie konnten sämtliche $n_\varepsilon$ Elektronen des Metallstücks beim absoluten Nullpunkt das Energieniveau $E = 0$ besetzen, da keine Beschränkung bezüglich der Platzzahl besteht. Bei Berücksichtigung des *Pauli*schen Ausschlußprinzips hingegen dürfen nur zwei Elektronen die Energie Null besitzen.

Diese Beschränkung bewirkt, daß beim absoluten Nullpunkt sämtliche unteren Energieniveaus bis zu einem Niveau $E_0$ (*Fermi*-Energie), wo $\int_0^{E_0} Z_\varepsilon \, dE_\varepsilon = n_\varepsilon$ (Anzahl der Elektronen) ist, besetzt sind. Der „Elektronennapf" ist bis zum Niveau $E_0$ gefüllt. Die schraffierte Fläche in Abb. 17a ist direkt ein Maß für die Gesamtzahl $n_\varepsilon$ der vorhandenen freien Elektronen. Bei allmählicher Erhöhung der Temperatur werden zunächst nur ganz wenige Elektronen aus den Energieniveaus unterhalb $E_0$ entfernt. Dazu müssen sie natürlich durch einen Stoß so viel thermische Energie zugeführt bekommen, daß sie einen Energiezustand $E_\varepsilon > E_0$

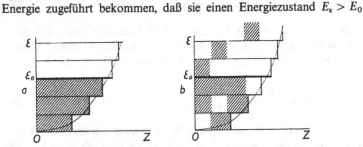

Abb. 17. Besetzung der Elektronen-Energieniveaus
a) beim absoluten Nullpunkt ($T = 0$ K)
b) bei einer höheren Temperatur
($\varepsilon_0 = E_0$ *Fermi*-Energie)

annehmen können. Dies ist in Abb. 17b schematisch dargestellt. Die schraffierten Flächenelemente stellen Elektronen dar, die bei einer höheren Temperatur das *Fermi*-Niveau überwunden haben.

Die *Fermi*-Energie $E_0$ läßt sich explizit angeben. Mittels der Bedingung $\int_0^{E_0} Z_\varepsilon \, dE_\varepsilon = n_\varepsilon$ erhält man:

$$E_0 = \frac{\hbar^2}{2m_\varepsilon} \left(3\pi^2 \frac{n_\varepsilon}{V}\right)^{2/3}. \qquad [106]$$

Dies zeigt die Abhängigkeit der *Fermi*-Energie $E_0$ von der Elektronenkonzentration $(n_\varepsilon/V)$ und der Elektronenmasse $m_\varepsilon$. Da die Elektronenmasse außerordentlich klein ist, liegt der kritische Wert $E_0$ sehr hoch im Vergleich zu den thermischen Anregungsenergien bei Zimmertemperatur. So kommt es, daß von der gesamten Anzahl $n_\varepsilon$ nur etwa 1,5% Energien haben, die größer als $E_0$ sind. Das bedeutet aber, daß nur dieser geringe Prozentsatz an der Aufnahme von Wärmeenergie durch das Metall, in dem die betreffenden Elektronen frei umherschwirren, an einer Temperaturerhöhung beteiligt ist. Dies erklärt den außerordentlich geringen Beitrag, den die Leitungselektronen zur spezifischen Wärme des Metalls liefern. Ihr Beitrag zur Wärmeleitung hingegen wird durch Platzwechsel innerhalb des besetzten Elektronennapfes beschrieben und kann daher recht erheblich sein.

Erst bei extrem hohen Temperaturen geht die Elektronenverteilung in die klassische über. Man bezeichnet den Zustand der vollen Besetzung der unteren Energieniveaus, der von der klassischen Energieaufnahme und -abgabe stark abweicht, nach Abschnitt 1.4.2.7. als Entartung. Das Elektronengas ist danach auch bei Zimmertemperatur noch vollkommen entartet. Die Grenze $E_0$ liegt für freie Elektronen in einem Metall bei 2 − 3 eV, in das Temperaturmaß umgerechnet entspricht dies einer absoluten Temperatur von einigen $10^4$ K (vgl. Abschn. 1.4.2.7.). Es ist aufgrund der entwickelten Auffassung nicht möglich, diese Energie dem Elektronenkomplex zu entziehen, weil die unteren Energieniveaus schon voll besetzt sind und die quantentheoretisch festgelegte Besetzungszahl nicht überschritten werden kann.

## 1.4.2.9. Supraleitung

Als es im Jahre 1908 gelang, Helium zu verflüssigen, wurde der Tieftemperaturphysik ein sehr wichtiges Gebiet erschlossen. 1911 entdeckte *H. Kamerlingh Onnes* (52) in seinem Leidener Laboratorium die Supraleitung an Quecksilber. Bei 4,27 K betrug der Widerstand der Quecksilberprobe noch 0,12 Ω, bei 4,24 K maß er nur noch 0,01 Ω, unterhalb 4,2 K sank der Widerstand auf einen unmeßbar kleinen Wert. Die Temperatur, bei der der Widerstand praktisch Null wird, heißt die *Sprungtemperatur*. Sie ist für die meisten supraleitenden Metalle, Legierungen und Metallverbindungen scharf definiert. Einige Beispiele sind in Tab. 6 aufgezeigt.

Tab. 6. Sprungtemperaturen $T_{Sprung}$ von supraleitenden Substanzen

| Metall | $T_{Sprung}(K)$ | Legierung | $T_{Sprung}(K)$ | Verbindung | $T_{Sprung}(K)$ |
|--------|-----------------|-----------|-----------------|------------|-----------------|
| Tc | 11,2 | Nb-25Zr | 10,8 | $Nb_3Sn$ | 18,05 |
| Nb | 9,13 | Nb-33Zr | 10,6 | $Nb_2Sb$ | 18,0 |
| Pb | 7,26 | Bi-Pb | 8,8 | $V_3Ga$ | 16,8 |
| Ta | 4,38 | P-Pb | 7,8 | MoN | 12,0 |
| Sn | 3,69 | Au-Pb | 7,0 | NbC | 10,1 |
| In | 3,37 | Sb-Pb | 6,6 | TaC | 9,2 |

Schalten wir in einem geschlossenen Stromkreis die Spannungsquelle plötzlich ab, so klingt der Strom innerhalb von Millisekunden ab (bedingt durch den elektrischen Widerstand des Drahtes, der die elektrische Energie verzehrt und sie in Wärmeenergie umwandelt). Dasselbe Experiment, ausgeführt mit einem Supraleiter unterhalb seiner Sprungtemperatur, läßt einen einmal eingeschalteten Strom fast beliebig lange ($\approx 10^5$ a) fließen.

Eine zweite sehr wichtige Eigenschaft des supraleitenden Zustandes entdeckten 1933 *W. Meißner* und sein Mitarbeiter *R. Ochsenfeld* (53).

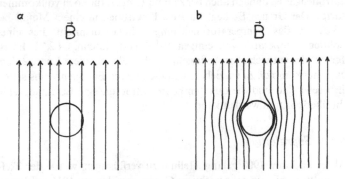

Abb. 18. *Meißner-Ochsenfeld*-Effekt eines Supraleiters im Magnetfeld ($\vec{B}$)
a) $T > T_{Sprung}$  b) $T < T_{Sprung}$

Stellten sie eine Probe eines Supraleiters oberhalb seiner Sprungtemperatur in ein Magnetfeld, dann liefen die magnetischen Feldlinien durch die Probe (s. Abb. 18a); sie zeigten also paramagnetisches Verhalten unterhalb der Sprungtemperatur wurden sie herausgedrängt (s. Abb. 18b) und verhielten sich somit diamagnetisch (*Meissner-Ochsenfeld*-Effekt).

Die Skala supraleitender Metalle hat sich inzwischen auf 25 Elemente erhöht, die zwischen 0,01 K (Wolfram) und 9,1 K (Niob) supraleitend werden. Es gibt Legierungen, die zum Teil noch höhere Sprungtemperaturen haben (18,05 K $Nb_3Sn$; 20,8 K $Nb_3(Al_{0,8}Ge_{0,2})$).

Entscheidend für den supraleitenden Zustand sind nicht nur der atomare, sondern auch der kristalline Zustand. Wismut ist nur amorph supraleitend, Zinn nur in der tetragonalen, weißen, metallischen Form, nicht aber in der kubischen, grauen, halbmetallischen. Das umfangreiche experimentelle Wissen läßt den Schluß zu, daß das Phänomen Supraleitung zusammenhängen muß mit den Leitungselektronen, aber auch mit der Struktur und den Gitterschwingungen von Kristallen.

Jedoch erst im Jahre 1957 gelang es *J. Bardeen, L. N. Cooper, J. R. Shrieffer* sowie *N. Bogoljubow* (54), eine brauchbare Theorie der Supraleitung zu entwickeln (BCS-Theorie).

Die Darstellung des elektrischen Widerstandes in Abhängigkeit von der Temperatur zeigt, daß im normalleitenden Zustand im Bereich tiefer Temperaturen (10 K – 20 K) ein Restwiderstand übrigbleibt. Für ihn sind Fremdatome und Gitterfehlstellen verantwortlich, an denen

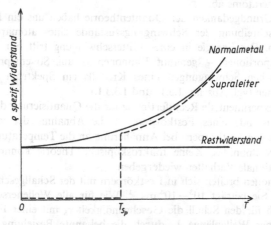

Abb. 19. Abhängigkeit des spezifischen elektrischen Widerstandes $\varrho$ von der Temperatur $T$ in der Umgebung der Sprungtemperatur $T_{Sprung}$ für einen Normal- und einen Supraleiter

die Leitungselektronen gestreut werden. Bei der Sprungtemperatur wird auch dieser Restwiderstand jäh abgebaut und klingt auf den Wert Null ab (Abb. 19). Dieser sehr scharfe Phasenübergang zwischen der normalleitenden Phase $T > T_{Sprung}$ und der supraleitenden Phase $T < T_{Sprung}$ zeigt, daß der supraleitende Zustand einen hohen Ordnungsgrad besitzt, wobei viele Elektronen in einer Wechselbeziehung stehen müssen. Es muß also eine Wechselwirkung existieren, die eine große Anzahl von Elektronen in einer solchen Weise erfaßt, daß die Energie des Systems gegenüber der normalleitenden Phase erniedrigt ist.

Der von *Maxwell* und *Reynolds* im Jahre 1950 entdeckte Isotopie-Effekt ließ eine Vorstellung über die Natur dieser Wechselwirkung zu. Der Isotopie-Effekt besagt, daß die Sprungtemperatur von Quecksilberisotopen von der Isotopenmasse $M$ abhängt. Es gilt dabei die empirisch gefundene Beziehung:

$$T_{Sprung} \cdot M^a = \text{const.}, \qquad\qquad [107]$$

wobei a $\approx 1/2$ ist. Dieser Effekt ist inzwischen auch für eine Anzahl anderer Elemente festgestellt worden.

Der Isotopie-Effekt deutet darauf hin, daß das Zustandekommen der Supraleitung größtenteils einer Wechselwirkung zwischen Elektronen und schwingendem Kristallgitter zuzuschreiben ist. Das Verhalten des Gitters, insbesondere seine möglichen Schwingungszustände bei einer Wechselwirkung mit den Elektronen, hängt von der Isotopenmasse $M$ des Gitteratoms ab.

Die Grundgedanken der Quantentheorie haben uns ein Modell für die Beschreibung der Schwingungszustände eines atomaren Gitters gegeben. Die Energie in einer Gitterschwingung tritt nur in kleinen Energieportionen – genannt Phononen – auf. So entsprechen den thermischen Schwingungen eines Kristalls ein Spektrum angeregter Phononen (vgl. Abschn. 1.3.1. und 1.3.3.1.).

Die experimentelle Rechtfertigung für die Quantisierung der Schwingungszustände eines Festkörpers ist die Abnahme der spezifischen Wärme von Festkörpern bei Annäherung an die Temperatur des absoluten Nullpunktes. Keine makroskopische Theorie konnte das $T^3$-proportionale Verhalten wiedergeben.

Phononen breiten sich in Festkörpern mit der Schallgeschwindigkeit $c_S$ aus. Sie beträgt $10^3 - 10^4 \text{ ms}^{-1}$. Wie für alle Wellenerscheinungen ist auch für den Schall die Geschwindigkeit $c_S$ mit einer Frequenz $\nu_S$ und einer Wellenlänge $\lambda_S$ durch die bekannte Beziehung $\nu_S = c_S/\lambda_S$ verbunden (vgl. Abschn. 1.5.2.1.). Während es bei anderen (z. B. elektromagnetischen) Wellenerscheinungen keine Einschränkung in der Größe der Wellenlänge gibt, muß man für elastische Wellen (Phononen) in Festkörpern hierfür eine untere Grenze setzen ($\lambda_{Sg}$), die durch die atomare Struktur der Materie bestimmt ist, nämlich durch den Abstand $a$ zweier Atome, der den geringstmöglichen Abstand zweier Knotenstellen der elastischen Schwingung festlegt. Daher gilt $\lambda_{Sg} \approx 2a \approx 10$ Å, woraus mit $c_S = 10^4 \text{ms}^{-1}$ eine obere Grenze für die Frequenz von $v_{Sg} = 10^{13}$ Hz ≡ 10 THz folgt, die es auch tatsächlich anzuregen gelang (vgl. letzten Absatz dieses Abschnittes).

Die Lebensdauer solcher hochfrequenter Phononen $\tau_{Ph}$ ist stark temperaturabhängig. Bei 20 K beträgt sie $\tau_{Ph} = 10$ μs, bei 200 K ist $\tau_{Ph} = 0,02$ μs. Die Ursache für die kurzen Lebensdauern liegt in der Wechselwirkung mit thermischen Phononen, d.h. Phononen, die im thermischen Gleichgewicht mit der Temperatur des Festkörpers stehen. Diese Wechselwirkung ist proportional ihrer Frequenz und der 4. Potenz der Temperatur. Weitere Beeinflussungen, die hochfrequente Phononen erfahren können, sind elastische Streuungen an atomaren Störstellen im Festkörper, weiterhin der Zerfall in zwei Phononen niedrigerer Frequenzen infolge anharmonischer Kopplung mit den quantenmechanisch durch die Unbestimmtheitsrelation ($\Delta J \Delta x \geq h/2\pi$) verursachten Nullpunktsschwingungen thermischer Phononen und schließlich durch Zusammenstöße mit Photonen (Strahlungsquanten), bei denen die Frequenz des gestreuten Photons gegenüber der des einfallenden genau um die Frequenz des Phonons verschoben wird; ein Prozeß, bei dem für die an der Streuung beteiligten Phononen und Photonen die Erhaltungssätze von Energie und Impuls erfüllt sein müssen (vgl. S. 100).

Die von *Barden, Cooper, Shrieffer* vorgeschlagene Elektron-Phonon-Wechselwirkung tritt paarweise zwischen den Elektronen durch die Vermittlung des Gitters auf. Die positiven Gitteratome sind in Form eines mikroskopisch gigantischen Bauwerkes von hoher Symmetrie (des Kristallgitters) angeordnet, das durch einen See von Leitungselektronen ausgefüllt wird, der somit die positiven Gitterladungen neutralisiert. In der Nachbarschaft eines bewegten Elektrons werden die Gitteratome von diesem angezogen und zu diesem hin verschoben (Abb. 20a). Die Verzerrung (Deformation) des elastischen Gitters äußert sich in der Abgabe eines Phonons vom Elektron an das Gitter. – Denn wie *F. Bloch* (56) annahm, können die Materiewellen der freien Elektronen mit den elastischen Wellen der Atomschwingungen im Gitter in Wechselwirkung treten, indem sie Energie in Form elastischer Energie und Impulses an das Gitter abgeben oder umgekehrt auch aufnehmen können. Ein zweites Elektron, nicht weit davon entfernt, wird von der positiven Raumladung der Gitteratome, mit der sich das erste Elektron umgeben hat, angezogen (Abb. 20b). Die sich ausbreitenden Dichteschwankungen der positiven Raumladung beeinflussen dieses zweite Elektron. Wie man sieht, vermittelt das Gitter einen Impulsaustausch zwischen zwei Elektronen und stellt eine Wechselbeziehung her. Von dieser anziehenden Wechselwirkung durch Phononenaustausch zwischen zwei Elektronen müssen wir verlangen, daß sie die übliche Wechselwirkung der abgeschirmten Coulombpotentiale der beiden Elektronen übersteigt. Die Elektron-Gitter-Elektron-Wechselwirkung ist jedoch so schwach, daß dies erst unterhalb sehr tiefer Temperaturen auftritt. Die Partner der so gebildeten Elektronenpaare können relativ weit entfernt sein ($10^{-5}$ cm), das sind ungefähr 200 Gitterkonstanten.

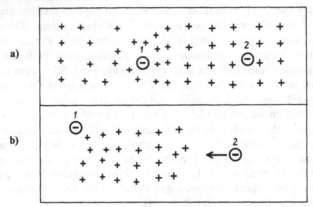

Abb. 20. Anschauliche Deutung der Elektron-Phonon-Elektron-Wechselwirkung im Supraleiter.
a) Elastische Verzerrung des Gitters durch ein bewegtes Elektron.
b) Anziehung des zweiten Elektrons durch die um das erste Elektron entstandene positive Raumladung

In den Abschnitten 1.4.2.7. und 1.4.2.8. sahen wir, daß eine befriedigende Theorie der spezifischen Wärme der Elektronen mit der Annahme der Fermistatistik verknüpft ist, d. h. die Elektronen befolgen das *Pauli*-Prinzip und besetzen in einem Einelektronenmodell diskrete, energetisch beliebig dicht liegende Zustände nur höchstens einmal bis zu einer Grenzenergie $E_0$.

Die BCS-Theorie konnte nun zeigen, daß im supraleitenden Zustand die Elektron-Gitter-Elektron-Wechselwirkung bewirkt, daß diese Fermizustände bevorzugt von Elektronenpärchen mit entgegengesetztem gleichem Impuls und entgegengesetztem Spin $s$, $-s$ besetzt werden. Diese sogenannten *Cooper*-Paare mit dem Gesamtimpuls Null rufen die größte Energieabsenkung des Systems gegenüber dem System im normalleitenden Zustand hervor. Die Energiedifferenz ist gleich einem Vielfachen der Bindungsenergie eines Paares.

Im Bild des Einelektronenmodells besteht eine Energielücke (gap) unmittelbar über dem Ferminiveau. Es erfordert also eine endliche Energie, ein *Cooper*-Paar aufzubrechen und ein einziges ungepaartes Elektron über dem Energiegap anzuregen, das zum normalleitenden Zustand beiträgt. Die Breite $\Delta E$ des Gaps ist ungefähr:

$$\Delta E \approx 3,5 \, k \cdot T_{\text{Sprung}} \qquad [108]$$

(k: *Boltzmann*sche Konstante; $T_{\text{Sprung}}$: Sprungtemperatur).

Experimentell kann man dieses Energiegap im elementaren Anregungsspektrum eines Supraleiters auf verschiedene Arten nachweisen. Die wohl einfachste Messung der Energielücke stammt von *Giaever* (56), der im wesentlichen die Breite der Lücke mit einem Voltmeter maß. Abb. 21 zeigt in einem Energie-Ort-Konfigurationsraum für eine Schichtpackung Supraleiter-Isolator-Normalleiter die besetzten Elektronenzustände. Im Normalleiter füllen bei $T = 0$ K die Elektronen alle Zustände bis zur Fermikante, im Supraleiter bis $E_0 - \dfrac{\Delta E}{2}$. Bei solchen Bedingungen kann in beiden Richtungen kein Tunneln von Elektronen erfolgen, da es auf keiner Seite des Potentialwalls verfügbare Zustände gibt. Der Tunnel-Effekt wird dann erfolgen, wenn die angelegte Spannung $U$ zwischen Supra- und Normalleiter gleich der halben Gapbreite ist (vgl. Abschn. 1.2.4. und 1.5.2.2.):

$$\Delta E \approx 2\varepsilon U. \qquad [109]$$

*I. Giaever* (55) bestimmte den Strom, der durch den dünnen Isolator hindurchtunnelnden Elektronen von einer dünnen Supraleiterschicht zu einer Normalleiterschicht. Der Strom floß, wenn die angelegte Spannung obige Beziehung [109] befolgte.

Wenn der Tunnelkontakt aus zwei an den dünnen Isolator angrenzenden Supraleitern besteht, tunneln auch *Cooper*-Paare, wie *B. D. Josephson* (55) vorausgesagt hat. Der von den Elektronenpaaren gebildete Suprastrom wird *Josephsonstrom* genannt. Die in der wellenmechanischen Theorie dieses Effektes auftretenden beiden Materiewellen-Phasen können durch Magnetfelder beeinflußt werden. Ein besonders charakteristischer Verlauf — vergleichbar mit dem der optischen Interferenzen verursacht durch einen Spalt — tritt beispielsweise auf, wenn die Feldlinien eines Magnetfeldes parallel zur isolierenden Schicht gerichtet sind.

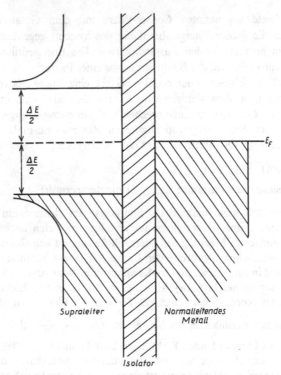

Abb. 21. Besetzte Elektronenzustände im Energie-Ort-Konfigurationsraum für die Packung Supraleiter-Isolator-normalleitendes Metall beim absoluten Nullpunkt ($T = 0\,\mathrm{K}$)

Nach der BCS-Theorie ist die Anzahl der Elektronen, die über das Energiegap angeregt werden können, durch den *Boltzmann*-Faktor:

$$e^{-\frac{E_{gap}}{kT}} \qquad [110]$$

gegeben. Daher ändert sich auch die Wärmekapazität exponentiell mit der Temperatur, im Gegensatz zum linearen Verhalten des Elektronengases. Der *Meissner-Ochsenfeld*-Effekt läßt sich bei einem weiteren Ausbau des Gap-Modells in der BCS-Theorie erklären.

Im supraleitenden Zustand bewegen sich die Elektronen als *Cooper*-Paare. Es gibt bei $T = 0\,\mathrm{K}$ keine angeregten Elektronen oberhalb des Energiegaps. Daher erleiden sie auch keine Streuung an Phononen, wie dies bei Elektronen im normalen Metall der Fall ist; der elektrische Widerstand ist Null. Mit steigender Temperatur nimmt jedoch die Zahl der Elektronen im nicht supraleitenden Zustand zu, das Energiegap wird gleichzeitig auch schmäler, bis es bei der Sprungtemperatur ganz verschwindet. Das Metall ist normalleitend geworden, da sich nunmehr alle Elektronen im nicht supraleitenden Zustand befinden.

Führt man einem aus zwei Supraleitern bestehenden *Tunnelkontakt* gemäß der Gleichung [109] Energien des Bereiches $\varepsilon U \geqq \frac{1}{2}\Delta E$ zu, so lassen sich diese nach *I. Giaever* [55] et al. in *hochfrequente Phonen* umsetzen und zwar durch zwei verschiedene Prozesse. Einmal wird die unmittelbar nach dem Tunnelvorgang in einem der Supraleiter vorliegende Anregungsenergie von Elektronen der *Cooper*-Paare durch Relaxationsprozesse zur oberen Bandkante unter Phonen-Emission abgegeben, zum anderen findet im Anschluß an die Relaxation eine Rekombination in den supraleitenden Grundzustand statt, vergleichbar mit der Elektron-Loch-Rekombination (vgl. Abschn. 1.5.3.2., Abb. 25), wobei die anfallende Energie $\Delta E$ als Energie $E_{Ph}$ eines Rekombinations-Phonons abgestrahlt wird, dessen Energie im Gegensatz zu der des Relaxations-Phonons in erster Näherung unabhängig von der am Tunnelkontakt anliegenden Spannung $U$ ist.

### 1.4.2.10. Thermisches Rauschen

Die Teilnahme der Ladungsträger an den nur statistisch erfaßbaren Wärmevorgängen führt dazu, daß der Ladungsträgerstrom ebenfalls statistischen Schwankungen unterworfen ist. Diese können durch entsprechende Verstärkung ($10^8$-fach) akustisch als ein Rauschen wahrnehmbar gemacht werden (thermisches Rauschen). Es offenbart sich dadurch der korpuskulare Charakter des elektrischen Stromes. Der bis zu dieser Grenze vorhandene kontinuierliche Eindruck wird gestört. Für die Störleistung $N_R$ hat *H. Nyquist* (57) eine Beziehung angegeben, die im folgenden abgeleitet werden soll.

Die thermisch bedingten Elektronenbewegungen in einem offenen Leiterstück mit dem Widerstand $R$, das sich mit seiner Umgebung im thermischen Gleichgewicht befindet, induzieren in diesem eine Rauschspannung (EMK) $U_R$. Diese ist auch die Ursache eines Rauschstromes $I_R$, wenn man das offene Leiterstück mit einem angepaßten Widerstand $R_a = R$ zu einem Stromkreis zusammenschließt, so daß gilt:

$$I_R = \frac{U_R}{2R}. \hspace{3cm} [110a]$$

Die Elektronenbewegungen, welche die Rauschspannung verursachen, kann man wegen deren Reflexion an den Enden des offenen Leiterstücks durch gegenläufige Wellenzüge beschreiben, deren Frequenzen $v_n$ als Eigenfrequenzen des Leiterstücks der Länge $l$ die Werte besitzen:

$$v_n = n \frac{v}{2l}, \qquad\qquad [110\mathrm{b}]$$

wobei $v$ die Ausbreitungsgeschwindigkeit der Wellen und n eine ganze Zahl ist. Für n = 1 ergibt sich die Grundfrequenz; für n > 1 erhält man die Oberfrequenzen. Die Anzahl A der Eigenfrequenzen im Frequenzband $\Delta v = v_n - v_m$ errechnen sich dann zu:

$$\Delta v = (n - m)\frac{v}{2l} = A\frac{v}{2l}; \quad A = \frac{2l}{v}\Delta v. \qquad [110\mathrm{c}]$$

Die einzelnen Wellenzüge sind nicht polarisiert, so daß ihnen 2 Freiheitsgrade zuzuschreiben sind. Denn man kann sich jede unpolarisierte Welle aus zwei senkrecht zueinander linear polarisierten Wellen von je 1 Freiheitsgrad zusammengesetzt denken. Die 2 Freiheitsgraden entsprechende Energie sei mit $E_{2F}$ bezeichnet. Dann dürfen wir für die in der Ausbreitungszeit $\frac{l}{v}$ längs des offenen Leiterstücks von den Wellen des Frequenzbereiches $\Delta v$ in *einer* Richtung transportierte Leistung $N_{1R}$ schreiben:

$$N_{1R} = \frac{1}{2} A \cdot E_{2F} \cdot \frac{1}{l/v}. \qquad\qquad [110\mathrm{d}]$$

Unter Berücksichtigung von [110c] folgt:

$$N_{1R} = E_{2F}\Delta v. \qquad\qquad [110\mathrm{e}]$$

Wegen $N_R = I_R^2 R$ erhalten wir unter Beachtung von [110a]:

$$U_R^2 = 4R E_{2F}\Delta v \qquad\qquad [110\mathrm{f}]$$

sowie:

$$N_R = \frac{U_R^2}{R} = 4N_{1R} = 4E_{2F}\Delta v, \qquad\qquad [110\mathrm{g}]$$

wobei $N_R$ die vom Leiterstück an den *Abschlußwiderstand R* abgegebene Rauschleistung darstellt.

Nach dem klassischen Äquipartitionsgesetz der kinetischen Wärmetheorie, das für Temperaturen $T > 250$ K Gültigkeit besitzt, ist jedem Freiheitsgrad der Energiebetrag $1/2\, kT$, 2 Freiheitsgraden demnach der Betrag $kT$ zuzuordnen (vgl. Abschn. 1.4.1.1. Gl. [38]). Es gilt daher:

$$E_{2F} = kT.$$  [110h]

Mit dieser Beziehung nimmt [110 g] die Gestalt der *Nyquistischen Formel* an:

$$N_R = 4kT\Delta\nu,$$  [110i]

aus der wegen $I_R^2 R = U_R^2/R$ folgt:

$$I_R = \sqrt{4\frac{kT}{R}\Delta\nu}$$  [110k]

und:

$$U_R = \sqrt{4k\,TR\,\Delta\nu}.$$  [110l]

In Tab. 7 sind am Beispiel $\Delta\nu = 10^4$ Hz, $T = 300$ K, d. h. für eine Rauschleistung von $N_R = 1,6 \cdot 10^{-16}$ W die Werte der Rauschspannung $U_R$ [110l], die zu verschiedenen Widerstandswerten gehören, angegeben.

Tab. 7. Widerstandsrauschen (Störleistung $N_R = 1,6 \cdot 10^{-16}$ W)

| | $R\,(\Omega)$ | | | | | |
|---|---|---|---|---|---|---|
| | 10 | $10^2$ | $10^3$ | $10^4$ | $10^5$ | $10^6$ |
| $U_R\,(\mu V)$ | 0,04 | 0,13 | 0,40 | 1,26 | 4,00 | 12,60 |

## 1.5. Elektronentheorie der Halbleiter

### 1.5.1. Grundannahmen

Die folgenden Betrachtungen gelten für solche Halbleiter, die eine elektronische Leitfähigkeit aufweisen. Den Charakter der Leitfähigkeit kann man, wie wir oben erfahren haben, mittels des Hall-Effektes feststellen, der zugleich eine einfache Methode zur Bestimmung der Konzentration von freien Elektronen liefert (Gl. [60]). Bereits *W. Vogt* (1930) konnte am Beispiel des elektronischen Halbleiters $Cu_2O$ (Kupferoxydul) zeigen, daß die Elektronenkonzentration im Halbleiter Zehnerpotenzen geringer ist als im Metall. Dies bedeutet, daß die *Fermi*sche Geschwindigkeitsverteilung [78], wie sie für die Metallelektronen nach *Sommerfeld* gilt, durch die *Maxwell-Boltzmann*sche [74] zu ersetzen ist; denn wenn die in der *Fermi*-Verteilung auftretende Konstante $B \gg 1$ ist, geht die *Fermi*sche in die *Maxwell-Boltzmann*sche Verteilung über. Nach [91] wächst in der Tat $B$ mit sinkender Elektronenkonzentration $n_e$. Für die Vorgänge in Halbleitern dürfen wir daher mit der klassischen *Maxwell-Boltzmann*schen Verteilung rechnen. Die im Vergleich zum Metall geringere Konzentration an freien Elektronen im Halbleiter hat seine

71

Ursache, worauf bereits oben hingewiesen wurde (vgl. Abschn. 1.3.3.1.), in einer festeren Bindung der Valenzelektronen im Kristallgitter. Die Abtrennungsarbeit ist mithin größer und kann nur von den Teilchen geleistet werden, die im Rahmen der *Maxwell-Boltzmann*schen Energieverteilung thermisch höhere Energien besitzen. Der gebundene Zustand der Elektronen kann nur nach Überschreitung eines Schwellenwertes der Energie (der der Abtrennungsarbeit bzw. der Bindungsenergie entspricht) in den freien Zustand übergeführt werden. Diese Verhältnisse lassen sich besonders anschaulich mit Hilfe der Wellenmechanik beschreiben und führen zu dem bereits einleitend skizzierten Elektronenbändermodell, auf das im folgenden eingehender eingegangen werden soll.

## 1.5.2. Wellenmechanik des Elektrons

### 1.5.2.1. Schrödinger-Gleichung

Um die Bewegung eines Teilchens (Elektrons) zu beschreiben, muß man seine Gesamtenergie $E_\varepsilon$ und seinen Impuls $J_\varepsilon = m_\varepsilon v_\varepsilon$ kennen. Eine Welle hingegen wird durch ihre Frequenz $v_\varepsilon$ und ihre Wellenlänge $\lambda_\varepsilon$ bzw. die Wellengeschwindigkeit $u_\varepsilon$ charakterisiert. Nach dem Vorgehen von *L. de Broglie* (58) nimmt man in der Wellenmechanik folgende Zuordnung zwischen diesen charakteristischen Größen vor:

$$E_\varepsilon = h v_\varepsilon = h u_\varepsilon / \lambda_\varepsilon \; ; \qquad J_\varepsilon = h / \lambda_\varepsilon = h v_\varepsilon / u_\varepsilon . \qquad [111]$$

Diese Beziehungen, in denen h das *Planck*sche Wirkungsquantum (vgl. Abschn. 1.2.5.) bedeutet, gelten ganz allgemein, also auch für Elektronen, wie durch den Index angedeutet wird.

Die Amplitude der auf diese Weise bestimmten Welle bezeichnen wir mit $\Psi$. Es war schon oben erwähnt worden (vgl. Abschn. 1.2.4.), daß diese Größe keine einfache physikalische Bedeutung besitzt. Man deutet sie als die Wahrscheinlichkeit dafür, an einer bestimmten Stelle zu einer bestimmten Zeit ein Elektron anzutreffen. Man erkennt auch bei dieser Ausdeutung die Schwierigkeiten, welche einer Erfassung des dualen Charakters des Verhaltens von Elektronen im Wege stehen.

Ganz allgemein gilt für eine Wellenbewegung eine partielle Differentialgleichung, die wir für die Funktion $\Psi$ in der $x$-Richtung ansetzen wollen:

$$\frac{\partial^2 \Psi}{\partial x^2} = \frac{1}{u_\varepsilon^2} \frac{\partial^2 \Psi}{\partial t^2} . \qquad [112]$$

Nehmen wir nunmehr an, daß die Lösung $\Psi$ eine rein periodische Funktion der Zeit ist – eine Annahme, die die Allgemeinheit unserer Betrachtungen nicht wesentlich einschränkt –, so dürfen wir schreiben: $\Psi = e^{i\omega_\varepsilon t}\,\psi(x)$, worin $\psi$ nur noch eine Funktion des Ortes ist und $\omega_\varepsilon$ den Wert $2\pi\nu_\varepsilon$ hat. Dann geht [112] über in:

$$\frac{d^2\psi}{dx^2} + 4\pi^2\,\frac{v_\varepsilon^2}{u_\varepsilon^2}\,\psi = 0.$$ [113]

Wir setzen in diese Gleichung für $v_\varepsilon^2/u_\varepsilon^2$ den Wert ein, der sich aus [111] ergibt, und berücksichtigen, daß sich die kinetische Energie $^1/_2\,m_\varepsilon v_\varepsilon^2$ als die Differenz $(E_\varepsilon - U)$ von Gesamtenergie $E_\varepsilon$ und potentieller Energie $U$ ausdrücken läßt. Es folgt:

$$\frac{d^2\psi}{dx^2} + \frac{8\pi^2 m_\varepsilon}{h^2}\,(E_\varepsilon - U)\psi = 0.$$ [114]

Dies ist die *Schrödinger*sche Differentialgleichung in ihrer zeitunabhängigen Form. Wir erkennen, daß sie für bestimmte Werte von $E_\varepsilon$ (*Eigenwerte*) periodische Lösungen haben wird, so daß wir allgemein ansetzen können:

$$\psi = A e^{-iax} + B e^{+iax},$$ [115]

wobei A und B Integrationskonstanten bedeuten und:

$$a = \frac{2\pi}{\lambda_\varepsilon} = \frac{2\pi}{h}\sqrt{2m_\varepsilon(E_\varepsilon - U)}$$ [116]

ist. Physikalisch stellen die beiden e-Funktionen zwei entgegengesetzt laufende Wellenzüge dar, wie man sich durch Übergang zur reellen Schreibweise klarmachen kann.

## 1.5.2.2. Wellenmechanischer Tunneleffekt

Die Potentialschwelle, deren Durchlässigkeit bestimmt werden soll, ist in Abb. 22 wiedergegeben. Ein Elektronenstrom mit der Gesamtenergie $E_\varepsilon$ für jedes Elektron tritt aus dem Raum I durch die Grenzschicht $G_1$ in den Raum II der Schwelle ein, in welchem jedes Elektron die Energie $(E_\varepsilon - U)$ besitzt. $U(> E_\varepsilon)$ bedeutet die Höhe der Potentialschwelle. Er verläßt das Gebiet der Schwelle wieder durch $G_2$ und gelangt in den Raum III, wo seine Gesamtenergie wieder den Wert $E_\varepsilon$ annehmen kann. Nach [115] lauten dann die Lösungen der *Schrödinger*-Gleichung in den drei Räumen:

$$\psi_I = A_1 e^{-ia_1 x} + B_1 e^{+ia_1 x}$$
$$\psi_{II} = A_2 e^{-ia_2 x} + B_2 e^{+ia_2 x} \qquad [117]$$
$$\psi_{III} = e^{-ia_1 x} \quad ,$$

wobei die e-Funktionen mit positiven Exponenten reflektierte Wellen bedeuten. Da sich der dritte Raum ins Unendliche erstreckt, braucht dort keine reflektierte Welle in Ansatz gebracht zu werden. Die Integrationskonstante $A_3$ ist gleich 1 gesetzt worden, weil uns nur das Verhältnis $A_1/A_3$ als maßgebend für die Durchlässigkeit der Potentialschwelle interessiert. Zur Bestimmung der vier Konstanten $A_1$, $A_2$, $B_1$, $B_2$ benötigen wir vier Gleichungen. Wir erhalten sie aus [117], wenn wir zum Ausdruck bringen, daß sowohl $\psi$ als auch $\dfrac{d\psi}{dx}$ an den Grenzen $G_1$ und $G_2$ stetig ineinander übergehen müssen, was aus der *Schrödinger*-Gleichung folgt:

an $G_1$: $\qquad A_1 + B_1 = A_2 + B_2$
$$a_1(B_1 - A_1) = a_2(B_2 - A_2)$$
an $G_2$: $\qquad e^{-ia_1 l} = A_2 e^{-ia_2 l} + B_2 e^{+ia_2 l} \qquad [118]$
$$\frac{a_1}{a_2} e^{-ia_1 l} = A_2 e^{-ia_2 l} - B_2 e^{+ia_2 l},$$

wobei $l$ die Länge der Potentialschwelle bedeutet.

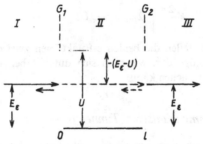

Abb. 22. Zur Berechnung des wellenmechanischen Verhaltens von Elektronen beim Durchgang durch eine Potentialschwelle

Aus dem zweiten Gleichungspaar ergeben sich für $A_2$ und $B_2$ die Werte:

$$A_2 = \frac{1}{2} e^{-i(a_1 - a_2)l} \left( 1 + \frac{a_1}{a_2} \right)$$
$$B_2 = \frac{1}{2} e^{-i(a_1 + a_2)l} \left( 1 - \frac{a_1}{a_2} \right). \qquad [119]$$

74

Für die uns interessierende Amplitude $A_1$ folgt aus den ersten beiden Gleichungen:

$$A_1 = \frac{1}{2} A_2 \left(1 + \frac{a_2}{a_1}\right) + \frac{1}{2} B_2 \left(1 - \frac{a_2}{a_1}\right). \qquad [120]$$

Wir setzen nunmehr die Werte von $A_2$ und $B_2$ aus [119] in [120] ein und fassen die konstanten Faktoren vor den Exponentialfunktionen zu zwei Konstanten $C_1$ und $C_2$ zusammen. Ferner schreiben wir für $a_1$: $a_1 = 2\pi/\lambda_{\varepsilon 1} = k_{\varepsilon 1}$ und für $a_2$: $a_2 = 2\pi/\lambda_{\varepsilon 2} = k_{\varepsilon 2}$, wobei $\lambda_{\varepsilon 1}$, $\lambda_{\varepsilon 2}$ die Wellenlängen und $k_{\varepsilon 1}$, $k_{\varepsilon 2}$ die Wellenzahlen (vgl. S. 57) der Materiewellen des Elektrons in den Raumgebieten I/III bzw. II bedeuten. Wir erhalten:

$$A_1 = C_1 e^{-i(k_{\varepsilon 1} - k_{\varepsilon 2})l} - C_2 e^{-i(k_{\varepsilon 1} + k_{\varepsilon 2})l}. \qquad [121]$$

Wir nehmen jetzt an, daß die Gesamtenergie wesentlich kleiner als die Potentialschwelle $U$ ist: $E_\varepsilon \ll U$. Es ist dies der Fall, bei welchem vom Standpunkt der gewöhnlichen Mechanik betrachtet kein Elektron die Schwelle durchschreiten könnte, unter den Gesichtspunkten der Wellenmechanik aber der Tunneleffekt auftritt (vgl. S. 14). Dann können wir $k_{\varepsilon 1}$ gegenüber $k_{\varepsilon 2}$ vernachlässigen und erhalten unter Berücksichtigung, daß $a_2$ nach [116] einen imaginären Wert annimmt:

$$A_1 = C_1 e^{-k_{\varepsilon 2}l} - C_2 e^{+k_{\varepsilon 2}l}. \qquad [122]$$

Da unter unseren extremen Annahmen auch die Konstanten $C_1 = C_2 = {}^1\!/_2\, C$ (wegen $a_2 \gg a_1$) werden, wie aus [119] und [120] hervorgeht, dürfen wir schreiben:

$$A_1 = C \sinh(k_{\varepsilon 2}l). \qquad [123]$$

Man erkennt, daß in der Tat Elektronen die Potentialschwelle durchdringen können. Ihre Anzahl nimmt aber außerordentlich rasch mit der Dicke $l$ der Potentialschwelle infolge des exponentiellen Verlaufs der hyperbolischen Sinusfunktion ab.

Darüber hinaus bemerken wir aber, daß für negative Werte der potentiellen Energie $(-U)$, also für eine Potentialmulde, $a_2$ in [118] wegen [116] nicht imaginär wird, so daß in dem Ausdruck für $A_1$ statt der Hyperbelfunktion die entsprechende Kreisfunktion auftritt. Diese nimmt aber für:

$$l = n\lambda_{\varepsilon 2} \qquad \text{(n ganze Zahl)} \qquad [124]$$

maximale Werte an. Dies bedeutet, daß eine Potentialmulde für alle solche Elektronen eine selektive Durchlässigkeit aufweist, deren Materiewellenlänge ein ganzzahliges Vielfaches der Breite der Potentialmulde ist, was beispielsweise zur Erklärung des Auftretens von selektiven Photoeffekten herangezogen werden kann (vgl. Abschn. 2.1.2.4.).

## 1.5.2.3. Elektronenbändermodell

Um die verschiedenen Arten der Leitfähigkeit im Halbleiter und im Isolator durch unsere Modellvorstellung vom Elektronengas erfassen zu können, müssen wir diese stärker modifizieren, als wir dies bisher taten. Zur Erklärung der metallischen Leitfähigkeit war es nicht erforderlich, den elektrischen Einfluß des positiven Ionengitters der Metallatome, abgesehen von den thermischen Wechselwirkungen, in Rechnung zu stellen. Wollen wir jedoch auch die beiden Leitfähigkeitsarten im Halbleiter und Isolator beschreiben, so ist diese Unterscheidung nur möglich, wenn wir beachten, daß sich im Innern jedes Kristallgitters ein periodisch veränderliches Potentialfeld befindet, in welchem sich die quasifreien Elektronen bewegen. Wir können uns das Gesamtfeld aus den Feldern der einzelnen Atome zusammengesetzt denken (Abb. 23). Innerhalb des Potentialwalls des einzelnen Atoms existieren die scharfen *Bohr*schen Energieniveaus, die den Hauptquantenzahlen $n = 1, 2, 3 \ldots$ entsprechen (Abb. 23a). Sie genügen auch der Bedingung [124], so daß solche Elektronen die Potentialhügel untertunneln können (vgl. S. 32). Denkt man sich das Kristallgitter durch das Zusammenwirken einer Vielheit von ionisierten Atomen aufgebaut, so unterliegen die Elektronen nicht nur dem Einfluß eines Atomrumpfes, sondern aller am Gitteraufbau beteiligten. Dadurch werden vor allem die weiter außen liegenden Energieniveaus verwaschener und zu einem Energieband verbreitert, das wir uns

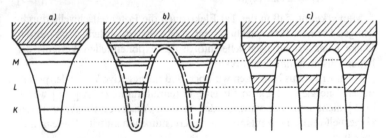

Abb. 23. Übergang vom Einzelatom zum Bänderschema des Kristalls
a) *Bohr*sche Energieniveaus im Einzelatom
b) Verwaschung der Energieniveaus durch thermische Bewegungen
c) Bänderstruktur als kollektives Ergebnis des Zusammenwirkens der am Aufbau des Kristallgitters beteiligten Atome

in seiner Feinstruktur aus ganz eng nebeneinanderliegenden Energie-niveaus aufgebaut denken müssen. Zur Verwaschung trägt auch bei, daß infolge der thermischen Bewegungen der Bausteine des Kristallgitters das Potentialgebirge bebt und der Abstand zwischen den Potential-wänden statistischen Schwankungen unterworfen ist (Abb. 23 b).

Die Energiebänder erlaubter Zustände sind von verbotenen Zonen unterbrochen, deren Breite mit wachsender Entfernung vom Atomrumpf abnimmt (Abb. 23 c). Ja, es kann passieren, daß sich die oberen Energie-bänder überlappen. Sind in der Volumeneinheit $N_A$ Atome, so besteht jedes Energieband aus $N_A$ Energieniveaus (bestimmt durch die Haupt-quantenzahl n, die Nebenquantenzahl l und die Orientierungsquanten-zahl m). Nach dem *Pauli*schen Ausschlußprinzip darf jedes Niveau nur mit einem Teilchen besetzt sein, da keines der Teilchen mit einem anderen in den drei Quantenzahlen n, l, m übereinstimmen darf. Die Elektronen besitzen nun aber außer Energie (bestimmt durch n) Bahndrehimpulse (bestimmt durch l) und Ausrichtung im äußeren Feld (bestimmt durch m) noch einen Eigendrehimpuls, der durch die Spinquantenzahl s bestimmt wird, welcher zwei Werte (s $= \pm \hbar/2$) entsprechend den beiden mög-lichen Drehsinnen der Eigendrehung annehmen kann (vgl. Abschn. 1.2.5. Gl. [30]). Daher dürfen, wie wir bereits erkannten, $N_A$ Energie-niveaus mit $2 N_A$ ($= n_\varepsilon$) Elektronen besetzt sein (vgl. Abschn. 1.4.2.7.).

Zwischen vollbesetzten Bändern kann mithin kein Platzwechsel von Elektronen stattfinden. Ein von außen angelegtes elektrisches Feld ist daher nicht in der Lage, eine Elektronenbewegung und damit einen elektrischen Strom hervorzurufen; es sei denn, die von außen zugeführte Energie (z. B. auch thermische) ist groß genug, dem einzelnen Elektron zu ermöglichen, über eine verbotene Zone hinweg in ein nicht vollbesetz-tes Band, in dem sich freie Energieniveaus befinden, hinüberzuwechseln. Auf diese Weise werden z. B. Substanzen, die bei normalen Tempera-turen praktisch isolieren, bei hohen Temperaturgraden elektrisch leitend. Im allgemeinen werden sich bei höheren Temperaturen infolge thermi-scher Anregung stets auch einige Elektronen aus den niedrigeren Bändern in höheren Energieniveaus befinden.

Die Leitfähigkeit eines Kristalls läßt sich nunmehr aufgrund unserer spezifizierten Modellvorstellung grundsätzlich in zwei Arten aufteilen: die eine, bei der sich im Kristall die Energiebänder überlappen — es ist dies die der Metalle — die andere, bei der die Energiebänder durch ver-botene Zonen getrennt sind — es sind dies die der Halbleiter und Iso-latoren. Der Isolator unterscheidet sich dabei — wie wir bereits oben erfahren haben (vgl. Abschn. 1.3.3.1.) —, nur graduell vom Halbleiter. Die verbotene Zone zwischen dem obersten vollbesetzten Energieband und dem nächsten freien Energieband ist bei letzterem so schmal, daß leicht thermisch angeregte Elektronen zu ihm hinüberwechseln können. Danach wäre ein idealer Isalator eine Substanz, bei der auf das vollbesetzte oberste Energieband eine unendlich breite verbotene Zone folgen würde (Abb. 9e). Man ersieht aus diesen Überlegungen, daß man willkürlich eine Festsetzung für die Grenze zwischen Halbleiter und Isolator treffen muß.

Nach *E. Spenke* (47) bezeichnet man solche Substanzen als Halbleiter, deren Leitfähigkeit zwischen $10^{+4} \Omega^{-1} \mathrm{cm}^{-1}$ und $10^{-12} \Omega^{-1} \mathrm{cm}^{-1}$ bei Zimmertemperatur ($T = 291$ K) liegt, andere Autoren nennen als Grenze zum Isolator: $10^{-10} \Omega^{-1} \mathrm{cm}^{-1}$. Im Elektronenbändermodell entspricht dies einer Breite der verbotenen Zone von: $\Delta E \approx 3 \,\mathrm{eV}$ (vgl. S. 35).

Eine eingehendere Theorie von der Bewegung eines Elektrons in einem periodischen Potentialfeld $U(x)$ läßt sich aus der zeitunabhängigen *Schrödinger*-Gleichung für den einfachsten Fall eines linearen Kristallgitters [114] entwickeln. Anstelle der konstanten potentiellen Energie $U$ hat dort die periodisch veränderliche $U(x)$ zu treten. Über einen Lösungsansatz mit einer Reihenentwicklung nach Eigenfunktionen $\psi(x)$ eines Atoms mit der gleichen, durch die Gitterkonstanten $a$ festgelegten Periodizität und durch Summation über eine große Zahl von Atomen erhält man Eigenwerte $\bar{E}_{\varepsilon n}$, die sich von denen der „ungestörten" Gleichung [114] $E_{\varepsilon n}$ dadurch unterscheiden, daß zwei Summanden hinzutreten, ein negativer ($-A$), der von der stärkeren Bindung des Elektrons im Vergleich zum Feld eines einzelnen Atoms herrührt, und ein periodischer Anteil ($B$), in den die Materiewellenlänge $\lambda_{\varepsilon B}$ des Elektrons eingeht:

$$\bar{E}_{\varepsilon n} = E_{\varepsilon n} - A + 2B \cos n a / \lambda_{\varepsilon B} \quad (n = 1, 2, 3 \ldots) \qquad [125]$$

Die Dimension der Eigenwerte ist die einer Energie (vgl. S. 73). Die Gleichung [125] stellt daher das Energiespektrum eines Kristallelektrons in einem (linearen) Kristallgitter dar.

Bisher haben wir uns im Bändermodell einer sehr schematischen Vereinfachung bedient, indem wir die Breite der verbotenen Zone als konstant angenommen haben. In Wirklichkeit wird ihre Breite mehr oder weniger stark durch die Gitterstruktur beeinflußt. Nach der Theorie der Bandstruktur von *F. Herman* (59), der sowohl das Leitfähigkeitsband als auch das Valenzband aus Teilbändern aufbaut und den heteropolaren Charakter der 3,5-Verbindungen durch eine Störungsrechnung berücksichtigt, haben die verbotenen Zonen in Si, Ge, GaAs, InSb die in Abb. 24 dargestellte gekrümmte Gestalt. Die Energie $E_{\varepsilon}$ ist dabei als Funktion der Wellenzahl $k_{\varepsilon}$ dargestellt. Das Verhalten eines Elektrons in derartigen Potentialgebirgen läßt sich in Analogie zu seiner Bewegung im Vakuum beschreiben, wenn man die auftretenden Abweichungen durch eine veränderliche (fiktive) Masse beschreibt, die als „effektive Masse" $(m_\varepsilon)_\text{eff}$ bezeichnet wird. Sie läßt sich aus dem funktionalen Zusammenhang zwischen $E_\varepsilon$ und $k_\varepsilon$ ermitteln, wie er in Abb. 24 wiedergegeben ist. Hierzu stellen wir folgende Betrachtung an: Nach Gl. [111] kann man für $J_\varepsilon = m_\varepsilon v_\varepsilon = \hbar/\lambda_\varepsilon$ schreiben:

$$J_\varepsilon = \hbar k_\varepsilon, \qquad [126]$$

wobei $k_\varepsilon = \dfrac{2\pi}{\lambda_\varepsilon}$ gesetzt ist.

Wegen $E_\varepsilon = J_\varepsilon^2/2m_\varepsilon$ ergibt sich:

$$E_\varepsilon = \frac{\hbar^2 k_\varepsilon^2}{2m_\varepsilon} . \qquad [127]$$

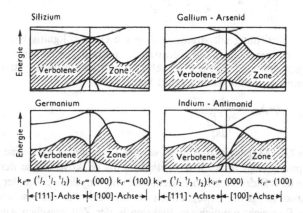

Abb. 24. Verlauf der Energiebänder von Si, Ge, GaAs, InSb unter Berücksichtigung der Kristallstruktur nach F. *Hermann* (59)

Für die Translationsgeschwindigkeit $v_\varepsilon$ des Elektrons als Teilchen erhält man:

$$v_\varepsilon = \frac{J_\varepsilon}{m_\varepsilon} = \frac{\hbar k_\varepsilon}{m_\varepsilon} . \qquad [128]$$

Wie wir [127] entnehmen können, dürfen wir für $\hbar k_\varepsilon/m_\varepsilon$ schreiben: $dE_\varepsilon/\hbar\, dk_\varepsilon$.

Damit geht [128] über in:

$$v_\varepsilon = \frac{1}{\hbar} \frac{dE_\varepsilon}{dk_\varepsilon} . \qquad [129]$$

Für die Beschleunigung $dv_\varepsilon/dt$ folgt daraus:

$$\frac{dv_\varepsilon}{dt} = \frac{1}{\hbar} \frac{d}{dt} \left( \frac{dE_\varepsilon}{dk_\varepsilon} \right) = \frac{1}{\hbar} \frac{d}{dk_\varepsilon} \left( \frac{dE_\varepsilon}{dt} \right). \tag{130}$$

Den Differentialquotienten der Energie nach der Zeit, d. h. die Leistung, kann man aber auch durch das Produkt der auf das Elektron einwirkenden Kraft $K_\varepsilon$ mit der Geschwindigkeit $v_\varepsilon$ ausdrücken. Unter abermaliger Berücksichtigung von [128] ergibt sich dann:

$$\frac{dE_\varepsilon}{dt} = K_\varepsilon v_\varepsilon = K_\varepsilon \frac{1}{\hbar} \frac{dE_\varepsilon}{dk_\varepsilon}. \tag{131}$$

In Verbindung mit [130] erhalten wir als Ausdruck für die Beschleunigung eines Elektrons:

$$\frac{dv_\varepsilon}{dt} = \frac{K_\varepsilon}{m_\varepsilon} = K_\varepsilon \frac{1}{\hbar^2} \frac{d^2 E_\varepsilon}{dk_\varepsilon^2}. \tag{132}$$

Diese Beziehung gilt streng, solange die Gl. [127] gültig ist, d. h. solange die Energie $E_\varepsilon$ eine quadratische Funktion der Wellenzahl $k_\varepsilon$ ist. Man gewinnt aus [132] den gesuchten Ausdruck für die effektive Elektronenmasse, der folgende Gestalt besitzt:

$$(m_\varepsilon)_{\text{eff}} = \frac{\hbar^2}{\dfrac{d^2 E_\varepsilon}{dk_\varepsilon^2}}. \tag{133}$$

Aus Gl. [133] folgt, daß dort, wo der Verlauf von $E(k_\varepsilon)$ eine starke Krümmung zeigt (d. h. für $d^2 E_\varepsilon/dk_\varepsilon^2 \gg 0$) die effektive Masse der Elektronen bzw. Defektelektronen klein wird und umgekehrt. Von der Masse wiederum hängt die Beweglichkeit ab. Im Felde der elektrischen Feldstärke $F$ erreicht nämlich ein Elektron in der Zeit zwischen Anregung und Rekombination, d. h. während seiner Lebensdauer $\tau$ die Geschwindigkeit:

$$v_\varepsilon = \frac{1}{2} \frac{\varepsilon}{m_\varepsilon} F\tau \tag{134a}$$

und besitzt damit die Beweglichkeit $u_n = v_\varepsilon/F$ (vgl. Abschn. 1.3.3.2. Tab. 5):

$$u_n = \frac{1}{2} \frac{\varepsilon}{m_\varepsilon} \tau. \tag{134b}$$

Die Verknüpfung der Gleichungen [133] und [134b] liefert für die Abhängigkeit der Beweglichkeit von der Krümmung $(d^2 E_\varepsilon/dk_\varepsilon^2)$ der Bandkanten der verbotenen Zone, wenn man $m_\varepsilon$ durch $(m_\varepsilon)_{\text{eff}}$ ersetzt, die Beziehung:

80

$$u_n = \frac{1}{2} \frac{\varepsilon\tau}{(m_\varepsilon)_{eff}} = \frac{1}{2} \frac{\varepsilon\tau}{h^2} \frac{d^2 E_\varepsilon}{dk_\varepsilon^2}. \qquad [134c]$$

Diese Gleichung besagt, daß je stärker die Krümmung der Bandkante ist, desto größere Werte der Elektronenbeweglichkeit auftreten (vgl. Tab. 8).

Tab. 8. Effektive Massen und Beweglichkeiten von Elektronen in Halbleitern

| Halbleiter | Ge | Si | InSb | GaSb | InAs | GaAs |
|---|---|---|---|---|---|---|
| $(m_\varepsilon)_{eff/m_\varepsilon}\%$ | 25 | 80 | 3,7 | 27 | 6,4 | 20 |
| $u_n$ cm$^2$/V · s | 3900 | 1900 | 77000 | 4000 | 27000 | 4000 |

## 1.5.2.4. Eigenleitung und Störleitung

Da die Lage der Schwerpunkte der Energiebänder auf die scharfen *Bohr*schen Energieniveaus zurückgehen, wie wir oben sahen (vgl. Abschn. 1.5.2.3.), ist sie auch für verschiedene Substanzen verschieden. Das bedeutet aber, daß ein in ein Kristallgitter eingebautes Fremdatom (Störstelle, vgl. Abschn. 1.3.3.1.) Energieniveaus (bzw. -bänder) haben kann, die im Bändermodell der Grundsubstanz des Gitters innerhalb der verbotenen Zonen liegen können. Dadurch werden dann Elektronenübergänge vom vollbesetzten Band zu diesen Störniveaus und solche von diesen ins Leitfähigkeitsband erleichtert und so die Leitfähigkeit beeinflußt. Diese Störleitung überwiegt in der Regel die Eigenleitung. Dabei können die Fremdatome, wie oben bereits näher ausgeführt, den Leitfähigkeitsmechanismus in zweifacher Weise beeinflussen: als Elektronenspender (Donatoren), die Elektronen ins Leitfähigkeitsband liefern, und als Elektronenfänger (Akzeptoren), die Elektronen aus dem vollbesetzten Band an sich ziehen und so ein positives Loch, ein Defektelektron, erzeugen, das der Anlaß zur Defektleitung (Löcherleitfähigkeit) im vollbesetzten Band ist. Im ersten Fall sprachen wir von *n*-Leitung (*n*egative Ladungsträger, Elektronen), im zweiten von *p*-Leitung (*p*ositive Ladungszustände, Defektelektronen bzw. Löcher).

Die Bereitstellung von Ladungsträgern durch die Störstellen (Donatoren und Akzeptoren) erfolgt durch thermische Energie. Im Gleichgewichtszustand besteht mithin eine Gleichheit zwischen der Anzahl der Dissoziations-(Zerfalls-) und Assoziations-(Wiedervereinigungs-)prozesse, zwischen Paarbildung und Rekombination. Die Anzahl der Paarbildungsprozesse $N_P$ ist proportional der Konzentration (Anzahl/

cm$^3$) der vorhandenen neutralen Fremdatome ($n_{D,A}$) und umgekehrt proportional ihrer Lebensdauer $\tau_{D,A}$ (Paarbildungskoeffizient $p_{D,A}$):

$$N_P = p_{D,A} \cdot n_{D,A}/\tau_{D,A}. \tag{135}$$

Die Anzahl der Rekombinationsprozesse $N_{Re}$ ist proportional der Konzentration der ionisierten Fremdatome $n_{I(+,-)}$ sowie derjenigen der abgespaltenen Teilchen (Elektronen bzw. Defektelektronen) $n_-$ bzw. $n_+$. Der Rekombinationskoeffizient $r_{D,A}$ für die Wiedervereinigung von Elektronen bzw. Defektelektronen mit den ionisierten Fremdatomen zu neutralen Atomen ist der Proportionalitätsfaktor in der Beziehung

$$N_{Re} = r_{D,A} \cdot n_{I(+,-)} \cdot n_{(-,+)}. \tag{136}$$

Wegen $N_{Re} = N_P$ im thermischen Gleichgewicht folgt aus [126] und [127] das *Massenwirkungsgesetz* für die Ladungsträger-Erzeugung durch Donatoren und Akzeptoren:

$$n_{I(+,-)} \cdot n_{(-,+)}/n_{D,A} = p_{D,A} \cdot \tau_{D,A}/r_{D,A} = K_{D,A}, \tag{137}$$

mit $K_{D,A}$ als Massenwirkungskonstante. Sie ist eine Funktion der Temperatur und gegeben durch die Stammfunktion der *Maxwell-Boltzmann*-schen Verteilung [74] zu:

$$K_{D,A} = N_{(-,+)} \cdot e^{-\Phi_{D;A}/kT}, \tag{138}$$

wobei $N_{(-,+)}$ die Zustandsdichte für Elektronen bzw. Defektelektronen im voll- bzw. teilbesetzten Band und $\Phi_{D,A}$ die entsprechende Paarbildungs- bzw. Rekombinationsarbeit bedeuten.

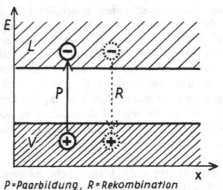

*P = Paarbildung, R = Rekombination*

Abb. 25. Temperaturanregung eines Valenzelektrons im Elektronen-Bänder-modell, Eigenleitung (Paarerzeugungs- und Rekombinationsgleichgewicht von Elektronen $\ominus$ und Defektelektronen $\oplus$: $0 = \ominus + \oplus$)

a)

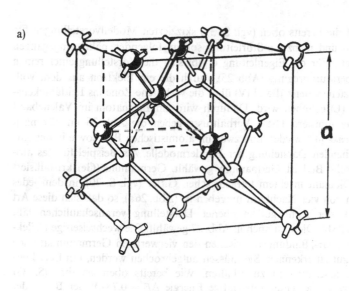

b)

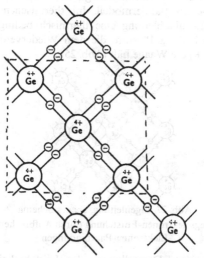

Abb. 26. Elementarzelle des Germaniumkristalles
a) räumliche Struktur, b) ebenes Schema

Auf die bereits oben (vgl. S. 31) skizzierten Modellvorstellungen für Eigen- und n- bzw. p-Störleitung soll im folgenden näher eingegangen werden: Für die Eigenleitung ergibt sich die Vorstellung einer reinen Temperaturanregung (Abb. 25), durch die ein Elektron aus dem vollbesetzten (Valenz-)Band (V) über die verbotene Zone ins Leitfähigkeitsband (L) gehoben wird. Dadurch wird ein Eigenatom im Valenzband positiv ionisiert. Diese Verhältnisse geben die Abb. 26 und 27 nach E. *Spenke* (47) wieder, und zwar im atomistischen Bild sowie in der entsprechenden Darstellung der Bändermodelle. Als Beispiel für das atomistische Bild ist Germanium gewählt. Germanium (Ge) kristallisiert wie Diamant in einem tetraedrischen Gitter (vgl. S. 30), in dem jedes Atom von vier Nachbarn umgeben ist (Abb. 26a), so daß sich diese Art von Gitter recht gut in ebener Darstellung veranschaulichen läßt (Abb. 26b). Diese ist auch in Abb. 27 gewählt. Die wechselseitigen (Elektronenpaar-)Bindungen zwischen den vierwertigen Germaniumatomen sind gut zu erkennen. Sie müssen aufgebrochen werden, um freie Leitfähigkeitselektronen zu erhalten. Wie bereits oben erwähnt (S. 33), entspricht die dafür notwendige Energie $\Delta E = 0,75$ eV der Breite der verbotenen Zone im Bändermodell. Im thermischen Gleichgewicht findet bei der Eigenhalbleitung eine thermisch bedingte Elektronenabspaltung (Paarbildung P) statt, die dem Wiedervereinigungsprozeß (Rekombination R) die Waage hält (Abb. 25).

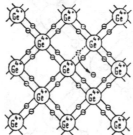

Abb. 27. Eigenleitung, ebenes Schema
Leitungselektronen-Entstehung durch Aufbrechen von
Elektronen-Paarbindungen

Die entsprechenden Darstellungen des Leitfähigkeitsvorgangs bei p- und n-Leitung, d. h. bei dem Einbau von Akzeptoren und Donatoren ins Gitter, sind in Abb. 28a und 28b wiedergegeben. In beiden Fällen ist wiederum Germanium (Ge) als Grundsubstanz angenommen. Als Akzeptor ist im Fall der Abb. 28a ein Indiumatom eingebaut, als Donator (Abb. 28b) ein Arsenatom. In beiden Fällen ist das atomistische Bild dem

Bändermodell gegenübergestellt. Im thermischen Gleichgewicht ist die Rekombination gleich der Paarbildung von Ladungsträgern. Die Wiedervereinigung (Rekombinationskoeffizient $r_{D,A}$) ist proportional der Konzentrationen $n_-$ bzw. $n_+$ der Elektronen bzw. Defektelektronen, die Erzeugung der Ladungsträger hingegen eine reine Funktion der Temperatur; im thermischen Gleichgewicht ist sie konstant $c_0$:

$$N_{Re} = r \cdot n_+ \cdot n_- = c_0 \quad \text{bzw.} \quad n_+ \cdot n_- = \frac{c_0}{r} = \text{const.} \quad [139]$$

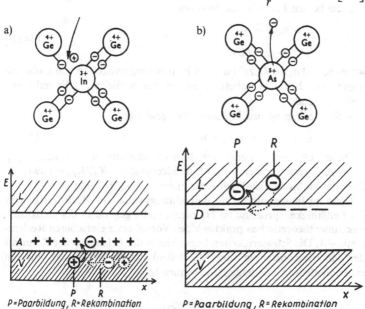

P = Paarbildung, R = Rekombination      P = Paarbildung, R = Rekombination

Abb. 28. Überschuß (n)- und Defekt (p)-Leiter
a) Vorgänge bei der p-Leitung
b) Vorgänge bei der n-Leitung
(Wege von Elektron $\ominus$ und Defektelektron $\oplus$)

Wir erhalten demnach unter Einführung einer von der Substanz ($r$) und der Temperatur ($T$) abhängigen „Inversionskonzentration" $n_i$ das wichtige Massenwirkungsgesetz:

$$n_+ \cdot n_- = n_i^2 . \quad [140]$$

Je nachdem, ob $n_+ > n_i$ oder $n_- > n_i$, ist der Leitfähigkeitstyp positiv oder negativ. Für die Eigenleitung gilt:

$$n_+ = n_- = n_i . \quad [141]$$

85

Für einen Halbleiter, der Akzeptoren *und* Donatoren enthält, können wir nunmehr folgende 6 Beziehungen aufstellen:

1. die drei Massenwirkungsgesetze:

$$n_{I(-)} \cdot n_+ / n_A = K_A$$

$$n_{I(+)} \cdot n_- / n_D = K_D \qquad \text{[142a]}$$

$$n_+ \cdot n_- = n_i^2 \; ;$$

2. die beiden Fremdatom-Bilanzen:

$$n_a + n_{I(-)} = n_A$$

$$n_d + n_{I(+)} = n_D , \qquad \text{[142b]}$$

wobei $n_a$ und $n_d$ die Anzahl der bei Paarbildungsprozessen von Ladungsträgern ($n_+$ bzw. $n_-$) unbeteiligten (neutral gebliebenen) Fremdatome bedeuten, und

3. die Bedingung des Ladungsgleichgewichts:

$$n_{I(-)} + n_- = n_{I(+)} + n_+ \qquad \text{[142c]}$$

Diese 6 Gleichungen gestatten die 6 Unbekannten $n_+$, $n_-$, $n_{I(+)}$, $n_{I(-)}$, $n_a$, $n_d$ zu berechnen, wenn die Materialkonstanten $K_A$, $K_D$, $n_i$ sowie die Fremdatom(Störstellen-)Konzentrationen $n_A$, $n_D$ bekannt sind.

Diese phänomenologische Betrachtungsweise der Reaktionskinetik der Leitfähigkeitsprozesse im Halbleiter bietet gegenüber der statistisch-elektronentheoretischen praktisch den Vorteil einer einfacheren Rechenmethodik. Die Schwierigkeiten liegen hier in der Erlangung der Kenntnis der Materialkonstanten und Störstellenkonzentrationen, die nur auf experimenteller Grundlage zu gewinnen ist.

## 1.5.2.5. *Innere Grenzflächen (pn-Übergänge)*

Die Möglichkeiten einer willkürlichen Dotierung von Halbleitern mit Donatoren, die zusätzlich negative Elektronen ins Leitfähigkeitsband liefern, und mit Akzeptoren, die über positive Defektelektronen eine Löcherleitfähigkeit verursachen, erlauben es auch, infolge der Ortsgebundenheit der als Störstellen wirkenden Fremdatome im Kristallgitter Gebiete örtlich verschiedenen Leitfähigkeitscharakters (n- bzw. p-Leitung) zu erzeugen. Dadurch entstehen an deren Grenzen innere Grenzflächen, d. h. Übergangsgebiete (Grenzschichten) zwischen p- und n-Leitung, die als pn-Übergänge bezeichnet werden.

In der Grenzschicht eines pn-Überganges tritt eine Verarmung an Ladungsträgern ein, da zunächst so lange Elektronen aus dem n-leitenden

Gebiet in das p-leitende hinüberwechseln, bis die dabei entstehende Potentialdifferenz einen weiteren Elektronenübergang verbietet und damit dem Rekombinationsprozeß ein Ende bereitet. Die Grenzschicht enthält also eine Raumladungsdoppelschicht, die sich in einer Potentialstufe bemerkbar macht, welche ein elektrisches Feld quer durch die Grenzschicht erzeugt. Dieses elektrische Feld kompensiert ohne äußeres Potential gerade das starke Konzentrationsgefälle der Elektronen und Löcher im Grenzschichtbereich. Im stationären Zustand fließt daher auch kein Strom. Beim Anlegen einer äußeren Spannung vergrößert sich der Verarmungsbereich, wenn das von außen erzeugte Feld so gerichtet ist, daß die Elektronen bzw. Defektelektronen jeweils zu den Elektroden entgegengesetzter Polarität hingezogen werden. Dadurch wird der Stromdurchgang behindert; der Widerstand der Grenzschicht erhöht sich (Sperrichtung). Bei Richtungsumkehr des Feldes jedoch werden beide Arten von Ladungsträgern in den Verarmungsbereich hineingetrieben, vermindern dessen Breite, setzen dadurch seinen Widerstand herab und erleichtern den Stromdurchgang (Flußrichtung). Dabei erfolgt der Übergang der Elektrizitätsströmung von der einen Ladungsträgerart (Elektronen im n-leitenden Gebiet) zur anderen (Löcher im p-leitenden Gebiet) innerhalb der Grenzschicht durch Rekombinationsprozesse zwischen Elektronen und Defektelektronen (positiven Löchern).

In Abb. 29a sind die geschilderten Verhältnisse für den normalen pn-Übergang dargestellt; insbesondere die Vergrößerung (Abb. 29b) bzw. die Verkleinerung (Abb. 29c) des Verarmungsbereiches bei angelegter äußerer Spannung. Weiterhin ist das entsprechende Elektronenbändermodell des pn-Überganges gezeichnet (Abb. 29d), aus dem deutlich für den stationären Zustand die Potentialstufe innerhalb der Grenzschicht zwischen p- und n-leitendem Gebiet in Gestalt der Verschiebung der Bandkanten gegeneinander zu erkennen ist. Der Elektronenübergang vom Valenzband in das Leitfähigkeitsband unter Zuführung von Energie (z. B. thermischer, optischer oder elektrischer) geschieht dabei im Bändermodell in *vertikaler* Richtung, d. h. durch Anheben eines Elektrons aus dem Valenzband in das Leitfähigkeitsband. Das Anlegen einer Spannung in Sperrichtung vergrößert die Potentialstufe in der Grenzschicht (Abb. 29e); das Anlegen in Flußrichtung verkleinert die Potentialstufe (Abb. 29f).

Unter der Annahme, daß der Verarmungsbereich zwischen dem n- und p-leitenden Gebiet eines Halbleiters schmal ist im Vergleich zum Diffusionsweg der Ladungsträger, d. h. daß innerhalb dieses Gebietes die Rekombination vernachlässigbar klein ist, hat *W. Shockley* (60) eine Beziehung abgeleitet, die das Verhalten solcher Grenzschichten sehr gut wiedergibt.

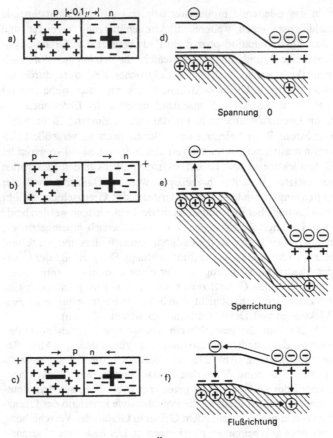

Abb. 29. pn-Übergang im Halbleiter

a) Verarmungsbereich im Übergangsgebiet
b) Vergrößerung des Verarmungsbereiches in Sperrichtung
c) Verkleinerung des Verarmungsbereiches in Flußrichtung
d)−f) Elektronen-Bändermodell des Übergangsgebietes in der Grenzschicht,
   das den Darstellungen a)−c) entspricht (+ Donatoren, − Akzeptoren,
   + Defektelektronen (positive Löcher), − Elektronen)

Hierzu müssen wir noch etwas näher auf den Diffusionsvorgang in der Grenzfläche eingehen. Aus der n-leitenden Schicht diffundieren Elektronen in die p-leitende und umgekehrt aus der p-leitenden Defektelektronen in die n-leitende Schicht. Die Konzentrationen beider Arten von Ladungsträgern wird in dem Maße abnehmen, wie sie jeweils tiefer in das Gebiet der Ladungsträger des anderen Vorzeichens eindringen, um schließlich auf einen sehr niedrigen durch das thermische Gleichgewicht bedingten Wert abzuklingen. Fassen wir zunächst Elektronen ins Auge und nennen wir die Lagekoordinate im Bereiche des Diffusionsweges $x$, so gilt für den Elektronenstrom $i_n$:

$$i_n = \varepsilon v_\varepsilon [n(x) - n_p], \qquad [143]$$

wobei $n_p$ jene Elektronenkonzentration im p-leitenden Gebiet bedeutet, auf deren Wert die Konzentration der ins p-leitende Gebiet hineindiffundierenden Elektronen abklingt. Weiterhin läßt sich $n(x)$ aus $n_p$ berechnen, da längs des Diffusionsweges eine Konzentrationsanhebung durch die angelegte, äußere Spannung $U$ erfolgt. Zur Berechnung gehen wir von der *Boltzmann*schen Verteilung aus und erhalten:

$$n(x) = n_p e^{U/kT}, \qquad [144]$$

wenn wir beachten, daß im Exponenten statt $-U$ die Größe $+U$ zu setzen ist, weil im vorliegenden Falle $U$ nicht die – durch das Vorzeichen der Elektronenladung bedingt – negative (Diffusions-)Spannung, sondern die äußere, positive Flußspannung bedeutet.

Aus der Verbindung von [143] und [144] folgt:

$$i_n = \varepsilon v_\varepsilon n_p (e^{U/kT} - 1). \qquad [145]$$

Die analogen Überlegungen gelten auch für die Defektelektronen, so daß wir eine entsprechende Beziehung ohne weiteres angeben können:

$$i_p = \varepsilon v_\varepsilon p_n (e^{U/kT} - 1), \qquad [146]$$

wobei $i_p$ den Stromanteil der positiven Löcher (Defektelektronen) und $p_n$ die Löcherkonzentration im $n$-leitenden Gebiet bedeuten. Die Verknüpfung von [145] und [146] liefert den Gesamtstrom $i$ zu:

$$i = i_n + i_p = \varepsilon v_\varepsilon (n_p + p_n)(e^{U/kT} - 1). \qquad [147]$$

Setzen wir nunmehr:

$$i_s = \varepsilon v_\varepsilon (n_p + p_n), \qquad [148]$$

so erhalten wir die Beziehung:

$$i = i_s(e^{U/kT} - 1), \qquad [149]$$

d. h. die *Shockley*sche Gleichung. Der Sättigungswert $i_s$ für den Sperrstrom verdankt seine Existenz der Erzeugung von Ladungsträgern durch thermische Anregung. Er ist daher eine Funktion der Temperatur, aber unabhängig – wenn man von dem bei höheren Sperrspannungen auftretenden Zener-Effekt (s. unten) absieht – von der angelegten Spannung.

Für negative Werte der Spannung $U$ wird in [149] die Exponentialfunktion im Vergleich zu 1 zu vernachlässigen sein, d. h. der Strom $i$ nimmt den konstanten Wert $i_s$ an. Für positive Werte von $U$ überwiegt die Exponentialfunktion und der Strom zeigt ein exponentielles Anwachsen (Abb. 30).

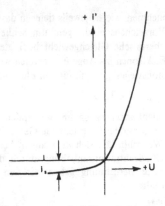

Abb. 30. Strom-Spannungsverlauf (Kennlinie) eines pn-Überganges

Bei hohen äußeren Spannungen (starkem elektrischen Feld) nehmen die Elektronen eine so hohe Energie auf, daß eine zusätzliche Paarerzeugung eintritt. Diese Paarbildung geht nach *C. Zener* (59) in einer Kettenreaktion vor sich. Es kommt zu einem steilen Anstieg des Stromes und schließlich zu einem zunächst reversiblem Durchbruch der Grenzschicht, der jedoch bis zu deren irreversibler Zerstörung bei weiterer Steigerung der Feldstärke führen kann. Der Paarerzeugungseffekt durch ein hohes elektrisches Feld wird um so eher eintreten, je dünner die Grenzschicht und je größer die Feldstärke ist. Jedoch gilt dies hinsichtlich beider Größen nur bis zu einem kritischen Wert, der dann erreicht ist, wenn sich infolge zu geringer Dicke der Grenzschicht und des relativ zu kleinen Wertes der Feldstärke keine Kettenreaktion der Paarerzeugung mehr ausbilden kann, weil die Elektronen auf ihrem Weg durch die Grenzschicht nicht mehr genügend Energie aufnehmen können. Insbesondere führt dann auch eine weitere Steigerung der Feldstärke zu keinem Durchbruch mehr. Mit wachsender Feldstärke und geringer werdender Dicke der Grenzschicht wächst dafür aber ein anderer Prozeß exponentiell an: der wellenmechanische Tunneleffekt, wie aus Gleichung [123] (vgl. Abschn. 1.5.2.2.) zu entnehmen ist. Die Auswirkungen dieses Effektes auf das Verhalten von pn-Übergängen entdeckte *L. Esaki* (59) (vgl. Bd. II, Abschn. 1.2.4.2.1.).

Bei Zuführung optischer Energie mittels einer Strahlung, für die der betreffende Halbleiter eine Absorptionsbande besitzt, bildet sich eine photoelektrische Urspannung (Photo-EMK) aus, deren Höhe durch die Breite der verbotenen Zone (Energielücke, Gap) bestimmt wird (vgl. Abschn. 1.3.3.1. und 2.1.2.3.).

# 2. Emission und Verhalten freier Elektronen

## 2.1. Emission freier Elektronen

Das Elektronengas quasifreier Elektronen ist im Kristall der elektronisch leitenden Substanzen (Metalle, Halbleiter) wie in einem Käfig eingesperrt, und es bedarf einer Arbeitsleistung, sie daraus zu befreien. Diese Arbeit ist gegen das elektrische Feld der bei der Paarbildung im Kristallgitter zurückbleibenden Ionen zu leisten, das daher nach einer Emission der Elektronen positiv geladen zurückbleibt. Diese Austrittsarbeit, die das Elektron befähigt, durch die Oberfläche (als Grenzfläche gegen den Außenraum) zu treten und außen als freies Elektron weiter zu existieren, muß durch Zuführung von Energie aufgebracht werden. Die Energie kann mechanischer Natur sein. Dabei wird das Elektron durch Stoß aus dem Atomverband herausgeschlagen, in welchem es vor allem elektrische Kräfte festhalten. Sie kann aber auch durch elektromagnetische Strahlung dem Elektron zugeführt werden. Ebenso befreit die Zufuhr thermischer Energie Elektronen aus dem Atomverband. Schließlich können hohe elektrische Feldstärken Elektronen aus dem atomaren Verband herausreißen. Da die Größenordnung der Ionisierungsspannung, d. h. der Spannung, die notwendig ist, um ein Elektron aus dem Atomverband zu entfernen, bei rund 20 Volt liegt und die des Atomdurchmessers $10^{-8}$ cm ist, so folgt für die zur Loslösung des Elektrons erforderliche elektrische Feldstärke eine Größenordnung von $10^7$ Volt/cm. Solche Feldstärken lassen sich an Elektroden starker Krümmung unschwer erzielen.

Im folgenden wird auf die verschiedenen Formen der Emission freier Elektronen unter dem Gesichtswinkel der auslösenden Energieart näher eingegangen.

### 2.1.1. Elektronenauslösung durch mechanische Energie

Wie bereits einleitend bemerkt, handelt es sich bei der Elektronenauslösung durch mechanische Energie um Stoßprozesse. Der stoßende Partner hoher kinetischer Energie ist in der Regel ein elektrisch geladenes Teilchen, das seine mechanische (Bewegungs-)Energie durch Beschleunigung in einem elektrischen Feld erhält. Solche Teilchen sind in erster Linie Ionen und Elektronen. So wird der als *Gasentladung* bezeichnete Prozeß durch ein Ionenbombardement hervorgerufen, welches zur Auslösung von Elektronen führt. Andererseits liefert der Beschuß einer Elektrode mit Elektronen eine *Sekundärelektronenemission*. Beide Arten von Auslösungsvorgängen sollen anschließend eingehenderer Betrachtung unterzogen werden.

## 2.1.1.1. Gasentladung

Die ersten Untersuchungen über Gasentladung gehen auf *J. W. Hittdorf, W. Crookes, J. Plücker* und *E. Goldstein* (61, 62, 63) zurück. *E. Goldstein* prägte im Jahre 1876 für die von der Kathode ausgehende Elektronenstrahlung den auch heute noch vielfach verwendeten Ausdruck: Katodenstrahlen.

Eine Elektrizitätsleitung in Gasen kann erst stattfinden, wenn die mittlere freie Weglänge der Ladungsträger groß genug ist, um die Teilchen genügend Energie aus dem beschleunigenden elektrischen Feld in der Zeit zwischen zwei Zusammenstößen aufnehmen zu lassen, um weitere Ladungsträger zu erzeugen. Die mittlere freie Weglänge $\overline{l}$ ist angenähert umgekehrt proportional dem Gasdruck und beträgt für Elektronen bei Atmosphärendruck:

$$\overline{l} \approx 10^{-5}\,\text{cm}. \tag{150}$$

Ihre Druckabhängigkeit wird näherungsweise durch die Beziehung wiedergegeben:

$$\overline{l} \approx 10^{-2}/p_{\text{Torr}}\,\text{cm}, \tag{151}$$

wobei $p$ den Luftdruck (gemessen in Torr) bedeutet. Wir entnehmen der Gleichung [151], daß bei einer Verdünnung auf $10^{-2}$ Torr die mittlere freie Weglänge rund 1 cm beträgt. Es ist dies jener Verdünnungsgrad, bei welchem in Gasentladungsröhren eine Schichtung der den Leitfähigkeitsvorgang begleitenden Leuchterscheinungen eintritt. Jeweils zwischen zwei Schichten haben die Ladungsträger soviel Energie aus dem Feld zwischen Anode und Katode aufgenommen, daß sie durch Stoß neutrale Gasmoleküle zum Leuchten anregen. Der Abstand zweier Schichten entspricht etwa der mittleren freien Weglänge, aus der man mittels Gl. [151] überschlägig auf den Gasdruck schließen kann. Zur Gasentladung kommt es dadurch, daß für Zimmertemperatur (bzw. $T > 0\,\text{K}$) infolge der *Maxwell-Boltzmann*schen Geschwindigkeitsverteilung (vgl. Gl. [74]) stets einige wenige sehr energiereiche Gasmoleküle vorhanden sind, und zwar etwa 1 auf $10^{17}$, die in der Lage sind, infolge ihrer hohen Bewegungsenergie andere energieärmere Gasmoleküle durch Stoß zu ionisieren. Diese *Stoßionisation* besteht in der Regel in der Abspaltung des äußersten, am schwächsten gebundenen Valenzelektrons. Das gestoßene Molekül bleibt als positives Ion zurück. Das freigemachte Elektron lagert sich an ein anderes neutrales Gasmolekül an und bildet so ein negatives Ion, soweit es nicht mit einem anderen positiven Ion wieder rekombiniert, d. h. aber, daß auch im feldlosen Zustand im Gasentladungsraum stets einige wenige Ladungsträger beiderlei Vorzeichen (Abb. 31, I) zur Verfügung stehen. Bei Anlegen eines elektrischen Feldes wandern die negativen Ionen zur Anode, die positiven zur Katode (Abb. 31, II). Ist der Gasdruck niedrig genug und damit die mittlere freie Weglänge so groß, daß die Ionen ausreichend Energie aus dem elektrischen Feld aufnehmen, tritt eine lawinenartige Vergrößerung der Anzahl von Ionen durch Stoßionisation ein. An den Elektroden selbst werden Elektronen aus den Atomverbänden abgespalten. An der Katode treten diese in den gasverdünnten Raum und erreichen dank ihrer geringen Masse sehr hohe Geschwindigkeiten (Abb. 31, III). Sie ver-

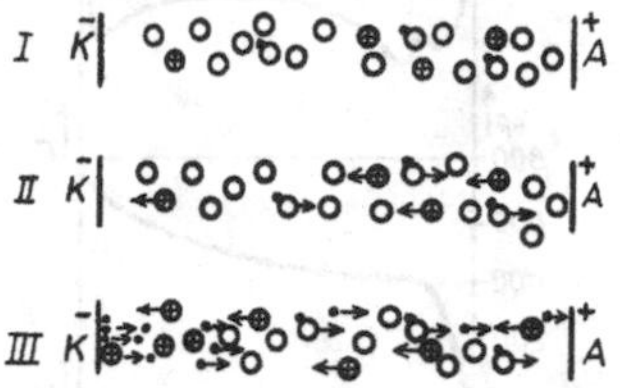

Abb. 31. Entstehung des Entladungsvorganges in einer mit verdünntem Gas gefüllten Röhre

( · Elektron, ○ Atom, ⊕ positives Ion, ⊖ negatives Ion)

stärken die Erzeugung von Ladungsträgern durch Ionisation und bringen bei etwa $10^{-3}$ Torr die der Katode gegenüberliegende Glaswand zu einem grünlichen bzw. bläulichen Fluoreszenzleuchten, da sie bei so niedrigem Druck den Entladungsraum frei durchfliegen. Damit entfällt aber auch die Nachlieferung an Ladungsträgern durch Stoßionisation, und bei weiterer Gasverdünnung reißt die Entladung ab.

Während des Entladungsvorgangs wird das ursprünglich homogene Feld durch die infolge der Stoßionisation entstehenden Raumladungen so verzerrt (Abb. 32), daß der wesentlichste Teil der Spannung erst kurz vor der Katode steil abfällt (Katodenfall). Dort erhalten die positiven Ionen infolge der hohen Feldstärke im Raum des Katodenfalls die starken Beschleunigungen, die sie befähigen, Elektronen an der Katode durch Stoß auszulösen.

Die Kenntnis des Potentialverlaufs läßt durch zweimalige Differentiation den Verlauf der Raumladung rechnerisch ermitteln. Die Messung des Potentials mittels einer Sonde in drei eng benachbarten Punkten gestattet, die Raumladung im räumlichen Bereich der 3 Punkte zu bestimmen. Dies folgt unmittelbar aus der *Poisson*schen Gleichung, die für den linearen Prozeß lautet:

$$\frac{d^2 U}{dx^2} = 4\pi\varrho, \tag{152}$$

wobei $U$ das Potential, $\varrho$ die Raumladung und $x$ die lineare Veränderliche bedeuten. Denn mittels der Messung von $U$ in zwei Punkten im Abstand $\Delta x$ erhalten wir die Feldstärke $\left(\frac{\Delta U}{\Delta x}\right)_1$; messen wir noch das Potential eines 3. Punktes, so liefert dies uns gegenüber dem Potential eines der beiden ersten Punkte eine zweite (durch die Einwirkung einer Raumladung geänderte) Feldstärke $\left(\frac{\Delta U}{\Delta x}\right)_2$.

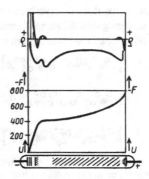

Abb. 32. Schema des Verlaufs von Spannung $U$, elektrischer Feldstärke $F$ und Raumladung $\varrho$ in der Glimmentladung

Beziehen wir die Änderung der Feldstärke auf den Abstand, so folgt:

$$\frac{d^2 U}{dx^2} = \lim_{\Delta x \to 0} \frac{\left(\frac{\Delta U}{\Delta x}\right)_2 - \left(\frac{\Delta U}{\Delta x}\right)_1}{\Delta x} \tag{153}$$

als der Raumladung proportionale Größe [Gl. 152].

Das lawinenartige Anwachsen des Entladungsstroms muß durch äußere Hilfsmittel verhindert werden, da die Stoßionisation eine Kettenreaktion ist. Man schaltet daher einen Vorschaltwiderstand bzw. bei Betrieb mit Wechselstrom eine Drossel in den Stromkreis ein, um die Entladungsröhren vor Zerstörung zu bewahren.

Bei den früher vielfach mit einem Induktor betriebenen „Geißler"-Röhren verhinderte der hohe innere Widerstand der Sekundärwicklung des Induktors ein schädliches Anwachsen des Stroms. Die Strom-Spannungskurve der Gasentladung, aus der der exponentielle Anstieg der Stromstärke im Gebiet der Stoßionisation hervorgeht, gibt Abb. 33 wieder.

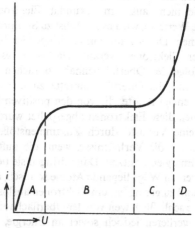

Abb. 33. Strom-Spannungs-Kennlinie einer Gasentladung

A unselbständige Entladung; B desgl., Sättigungsbereich; C reversible, selbständige *Townsend*-Entladung; irreversible, selbständige Stoßionisations-Entladung

Praktische Anwendung hat der Gasentladungsvorgang als wirtschaftliche Lichtquelle in den Leuchtröhren gefunden. Dort wird sowohl das Leuchten eines Gemisches verdünnter Gase sowie das Fluoreszenzleuchten eines Leuchtstoffes, mit dem man die innere Wandung der Leuchtröhren auskleidet, benutzt, um Licht der verschiedensten Spektralbereiche für Beleuchtungszwecke zu erhalten (vgl. Bd. II, Abschn. 1.2.3.). In Verbindung mit dem glühelektrischen Effekt wurde die Gasentladung im Thyratron (vgl. Bd. II, Abschn. 1.2.3.1.) auch zur Konstruktion von Gleichrichter- und Schaltröhren verwendet.

## 2.1.1.2. Sekundärelektronen-Emission

Energiereiche Elektronen, die in Materie eindringen, können leicht auf zweierlei Art ihre hohe Energie auf dort befindliche Elektronen durch Stoß übertragen. Entweder sie stoßen mit bereits vorhandenen freien bzw. quasifreien Elektronen zusammen, wie sie in großer Zahl im Metall-Kristallgitter bzw. in geringer Zahl im Gitter elektronisch leitender Halbleiter existieren, oder sie durchqueren ein Atom und rufen dabei in dessen Verband eine so starke Störung hervor, daß Valenzelektronen frei

95

werden. Man sieht sofort ein, daß dieser Auslösungseffekt eine Funktion der Geschwindigkeit der auftreffenden Elektronen ist. Ist sie gering, so reicht die Energie nicht aus, um sekundär Elektronen auszulösen. Nimmt sie größere Werte an, wird es zunächst zu Stoßprozessen in Oberflächennähe kommen. Dabei kann ein eindringendes Elektron die Abspaltung mehrerer Elektronen veranlassen, wenn es mehrmals zusammenstößt. Infolge der Oberflächennähe brauchen diese abgespaltenen Elektronen nur die Oberflächenkräfte zu überwinden, d. h. die Summe der anziehenden Kräfte, die von den positiven Ionen im Gitter ausgehen, von denen diese Elektronen abgespaltet wurden. Sie erleiden aber praktisch keine Verluste durch Zusammenstöße innerhalb des Gitters. Anders liegen die Verhältnisse, wenn die auftreffenden Elektronen sehr hohe Energien besitzen. Dann dringen sie tief in die Materie ein und durchqueren im Wege liegende Atome so rasch, daß die Verweilzeit im Atomverband zu gering ist, um Elektronen auslösende Störungen zu verursachen. Die schließlich weit von der Oberfläche entfernt abgespaltenen Elektronen verlieren jedoch soviel an Energie, ehe sie dorthin gelangen, daß sie dann nicht mehr in der Lage sind, die entgegenstehenden Oberflächenkräfte zu überwinden. Die Sekundärelektronenemission muß also als Funktion der Geschwindigkeit bzw. Energie der auftreffenden Elektronen über ein Maximum gehen (Abb. 34) (64, 65).

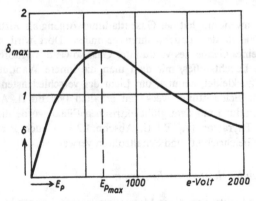

Abb. 34. Sekundäremissionskoeffizient $\delta$ als Maß der Sekundärelektronenausbeute in Abhängigkeit von der Energie der Primärelektronen $E_p$, gemessen in Elektronenvolt (eV)

Das Maximum kann dabei die Größe des auftreffenden Elektronenstroms unterschreiten, ihm gleich sein oder aber, und das ist die für die Anwendungen interessante Seite, ihn um das Mehrfache übertreffen.

Man bezeichnet das Verhältnis der Anzahl der die Oberfläche verlassenden (sekundär emittierten, aber auch an ihr reflektierten) Elektronen zu der der dort einfallenden als den *Sekundäremissionskoeffizienten* δ. Er hängt von der Energie der auftreffenden Elektronen ab, wie wir bereits erfahren haben, aber auch vom Material und vom Auftreffwinkel. Die Abhängigkeit vom Auftreffwinkel ist insofern einleuchtend, als bei flachem Einfall des primären Elektronenstrahls die Stoßprozesse bzw. Atomdurchquerungen im Bereich nahe der Oberfläche vor sich gehen, so daß die ausgelösten Elektronen auch in größerer Zahl die Oberflächenkräfte überwinden können.

Aufgrund der oben angestellten Überlegungen können wir auch eine Aussage über die Materialabhängigkeit machen. Bei Metallen trifft der Primärstrahl bevorzugt auf freie Leitungselektronen. Bei solchen Stoßprozessen zwischen Elektronen ist es ziemlich unwahrscheinlich, daß das gestoßene Elektron entgegen der Flugrichtung seines Stoßpartners auf die Oberfläche zu fliegt. Wir dürfen daher für Metalle nur niedrige Werte des Sekundäremissionskoeffizienten erwarten. Und in der Tat liegen die beobachteten Werte zwischen 0,5 und 1,5. Bei Isolatoren und Halbleitern, besonders solchen mit Donatoren als Störstellen, überwiegen jedoch die Abspaltungen von Elektronen aus den Atomverbänden. Bei diesen Prozessen ist die Rückwärtsstreuung sehr viel wahrscheinlicher, und wir erhalten Sekundäremissionskoeffizienten δ bis zum Wert 20. Dies ist auch größenordnungsmäßig der Wert, den wir theoretisch erwarten dürfen. Zur Auslösung eines Elektrons werden Ionisierungsenergien von rund 20 eV benötigt.

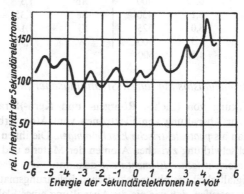

Abb. 35. Sekundärelektronenausbeute in relativen Einheiten als Funktion der Energie der Sekundärelektronen in eV bei einer Kristallstruktur aufweisenden Schicht von 600 *a* Dicke (*a* Gitterkonstante)

Die maximalen δ-Werte (vgl. Abb. 34) erhält man für Primärelektronen von $500-1500$ Volt. Nennen wir diese Energie $E_m$ (gemessen in eV), so können maximal angenähert $\frac{E_m}{20}$ Sekundärelektronen von einem Primärelektron der Energie $E_m$ ausgelöst werden. In Übereinstimmung mit diesen Überlegungen zeigen Halbleiterschichten, die mit Cäsiumatomen versetzt sind, hohe Sekundäremissionskoeffizienten, da Cäsium das Metall mit der geringsten Ionisierungsenergie ist. Der Einfluß der Schichtdicke bestehend in einer selektiven Durchlässigkeit gemäß Gl. [124] (Abschn. 1.5.2.2.) ist nach *W. Geyer* und *H. Teichmann* (66) aus Abb. 35 zu ersehen.

Derartige Schichten werden daher zur Konstruktion von Sekundärelektronen-Vervielfachern benutzt (vgl. Bd. II, Abschn. 1.3.2.). In Tab. 9 sind die Sekundäremissionskoeffizienten δ für eine Reihe von Materialien zusammengestellt.

Tab. 9. Sekundäremissionskoeffizient $\delta_{max}$ und entsprechende Primärelektronen-Energie $E_{Pmax}$ (in Elektronenvolt) für verschiedene Substanzen

| Substanz | $\delta_{max}$ | $E_{Pmax}$ | Substanz | $\delta_{max}$ | $E_{Pmax}$ |
|---|---|---|---|---|---|
| Ag | 1,47 | 800 | Ge | 1,2 | 400 |
| Al | 0,95 | 300 | Hg | 1,3 | 600 |
| Au | 1,45 | 800 | K | 0,7 | 200 |
| Ba | 0,83 | 400 | Nb | 1,2 | 375 |
| Bi | 1,15 | 550 | Pb | 1,1 | 500 |
| Cd | 1,14 | 450 | Pt | 1,8 | 700 |
| Cs | 0,72 | 400 | Sb | 1,3 | 500 |
| $Cs-Cs_2O-Ag$ | 8,1 | 450 | Se | 1,35 | 400 |
| $Cs_3Sb$ | 8,0 | 525 | Si | 1,1 | 250 |
| Cu | 1,3 | 600 | W | 1,35 | 650 |
| Ga | 1,55 | 500 | | | |

## 2.1.2. Elektronenauslösung durch Strahlungsenergie

Die Einwirkung von (Licht-, Röntgen- und Kern-)Strahlung auf Materie, die zur Abspaltung von Elektronen vom Atomverband führt, bezeichnet man als *photoelektrische Erscheinungen*. Die ihnen zugrundeliegende Wechselwirkung zwischen Atomen der Materie und der Strahlung wird *photoelektrischer Elementarakt* genannt.

Die Mannigfaltigkeit des photoelektrischen Erfahrungsmaterials wird dadurch hervorgerufen, daß wir nie die Abspaltung eines Elektrons von einem Atom im kräftefreien Raum beobachten, sondern stets eine Vielzahl solcher Prozesse unter den verschiedensten Umgebungsbedingungen.

Wenn die Elektronenabspaltung an der Oberfläche eines festen oder flüssigen Körpers (d. h. einer äußeren Grenzfläche) im Vakuum erfolgt, so können sich die Elektronen kraft der ihnen von der Strahlung übertragenen Energie vom Körper ablösen und als freie Elektronen ins Vakuum treten. Die Veränderung in der Elektronenverteilung im Körper gegenüber dem unbelichteten Zustand führt zum Auftreten einer photoelektrischen Urspannung. Man bezeichnet diesen Oberflächeneffekt als *äußeren Photoeffekt.*

Unterschiede in der Elektronenverteilung, die zum Entstehen photoelektrischer Urspannungen führen, bilden sich bei Bestrahlung auch in der Nähe von inneren Grenzflächen von Körpern verschiedener chemischer und elektronischer (n-, p-Leitung) Beschaffenheit bzw. bei verschiedener kristalliner Struktur, aber auch in homogenen Körpern bei Verwendung von Licht, dessen Wellenlänge in der unmittelbaren Umgebung einer optischen Absorptionskante dieser Körper liegt. Da solche Prozesse insbesondere an Halbleitern beobachtet worden sind, nennt man sie ganz allgemein *Halbleiter-Photoeffekte.* Im einzelnen treten an Grenzflächen zwischen festen Körpern *Sperrschicht-Photoeffekte* auf, während Grenzflächen zwischen festen und flüssigen Körpern den *Becquereleffekt* zeigen. Der Volumeneffekt an homogenem Material wird als *Kristall-Photoeffekt* bezeichnet.

Im allgemeinen führt die Auslösung von Photoelektronen im Innern eines homogenen Körpers jedoch nicht zur Ausbildung einer photoelektrischen Urspannung, vielmehr beteiligen sich die Photoelektronen an der Elektrizitätsleitung. Besitzt der Körper ohne Bestrahlung eine schlechte Leitfähigkeit, so wird diese unter dem Einfluß einer Strahlung verbessert. Diese Leitfähigkeitsänderung durch Belichtung bezeichnet man als *inneren Photoeffekt.*

Historisch betrachtet ist die älteste photoelektrische Erscheinung die Entdeckung *E. Becquerels* aus dem Jahre 1839 (67). Er beobachtete das Auftreten einer photoelektrischen Urspannung zwischen zwei in einen Elektrolyten tauchende Elektroden, wenn eine von beiden belichtet wird.

Im Jahre 1873 folgte die Entdeckung der Leitfähigkeitsänderung von Selen bei Belichtung durch *W. Smith* (68), des inneren Photoeffekts.

Sechs Jahre später beschrieben *W. G. Adams* und *R. E. Day* (69) das Auftreten von photoelektrischen Urspannungen an Zellen aus der gleichen Substanz, und *W. Siemens* (70) würdigte diese Entdeckung in den Sitzungsberichten der Preußischen Akademie der Wissenschaften mit den Worten: „Wir haben es hier in der Tat mit einer ganz neuen Erscheinung zu tun, die von größter wissenschaftlicher Tragweite ist... da uns hier zum ersten Male die direkte Umwandlung der Energie des

Lichtes in elektrische Energie entgegentritt" (Energiekonversion) (vgl. Bd. II, Abschn. 1.2.5.3.). Trotzdem gerieten diese Beobachtungen in Vergessenheit, und es bedurfte einer Wiederentdeckung durch *W. Schottky* und seine Mitarbeiter bzw. durch *B. Lange* (47, 71) im Jahre 1930, um die Aufmerksamkeit wieder auf diese alten Arbeiten zu lenken. Wir zählen heute die von *Adams* und *Day* beobachtete Erscheinung zu den Halbleiter-Photoeffekten speziell zum Sperrschicht-Photoeffekt.

Der äußere Photoeffekt, an den man zuerst zu denken geneigt ist, wenn von photoelektrischen Erscheinungen die Rede ist, reiht sich in die chronologische Reihenfolge ihrer Entdeckung an vierter Stelle ein. Seine erste Beobachtung geht auf *W. Hallwachs* (72, 73) zurück, der im Jahre 1888 seine beiden klassischen Grundversuche über die photoelektrische Entladung und Erregung veröffentlichte. Den Anlaß zu diesen Versuchen gab *H. Hertz* (74) mit seiner Beobachtung der Beeinflussung der Funken-Schlagweite durch Belichtung der negativen Elektrode mit ultraviolettem Licht.

Mit seinem ersten Versuch konnte *W. Hallwachs* zeigen, daß eine negativ aufgeladene Metallplatte ihre Ladung verliert, wenn man sie einer Bestrahlung mit ultraviolettem Licht aussetzt, daß sie jedoch eine positive Aufladung bei Belichtung beibehält. Mit dem zweiten Versuch wies er nach, daß eine ungeladene Platte, die in einem feldfreien Raum isoliert befestigt ist, unter dem Einfluß einer Ultraviolett-Bestrahlung eine positive Ladung annimmt. Über ein Jahrzehnt später gelang *Ph. Lenard* (75) der Nachweis, daß diese Aufladung auf den Austritt von negativ geladenen Teilchen — Elektronen — aus der Metallplatte zurückzuführen ist.

Schließlich wurde der Kristall-Photoeffekt im Jahre 1931 von *H. Dember* (76, 77) beschrieben. Zweifellos ist dieser Effekt bereits 1924 von *W. E. Coblentz* (78) in seinen ausgedehnten Reihenuntersuchungen an den verschiedensten Halbleitern beobachtet worden, seinem Wesen nach aber noch nicht erkannt worden.

## 2.1.2.1. *Allgemeine photoelektrische Gesetzmäßigkeiten*

Für die Auslösung von Elektronen durch Strahlung läßt sich aufgrund unserer elektronentheoretischen Vorstellungen die Energiebilanz des photoelektrischen Elementaraktes angeben. Wir machen dabei von der *Einstein*schen Lichtquantenhypothese (79) Gebrauch, nach der sich das Licht bei manchen physikalischen Vorgängen so verhält, als ob es aus

Korpuskeln (Lichtquanten, Photonen) bestünde, deren Energieinhalt $E$ proportional der Frequenz $\nu$ der Strahlung ist:

$$E = h\nu. \qquad [154]$$

Der Proportionalitätsfaktor h ist das *Planck*sche Wirkungsquantum mit der Dimension erg · s (vgl. Abschn. 1.2.5.), das *M. Planck* bei der Ableitung seiner Energieverteilungsformel für die Strahlung eines schwarzen Körpers zunächst als rechnerische Arbeitshypothese einführen mußte, um Ergebnisse seiner Strahlungstheorie zu erhalten, die den experimentellen Befunden entsprechen (80).

Aufgrund der *Lenard*schen Versuche (64) machte *Einstein* im Jahre 1905 die Annahme, daß beim photoelektrischen Elementarakt stets nur *ein* Strahlungsquant mit *einem* Elektron in Wechselwirkung tritt. Die Energie dieses Quants geht über in Bewegungsenergie ($^1/_2\, m_\varepsilon v_\varepsilon^2$) des Elektrons. Nur ein Teil dieser Bewegungsenergie wird das von der Materie befreite, durch eine Grenzfläche (bzw. Oberfläche) getretene freie Elektron noch besitzen. Ein unter Umständen erheblicher Teil wird auf dem Wege innerhalb der Materie und zur Überwindung der Gegenkräfte an den Grenzflächen benötigt. Wir wollen diesen Energieanteil, die Austrittsarbeit, mit $E_a$ bezeichnen. Dann können wir die Energiebilanz in Gestalt der *Einstein*schen Gleichung angeben:

$$h\nu = {}^1/_2\, m_\varepsilon v_\varepsilon^2 + E_a. \qquad [155a]$$

Drücken wir die Bewegungsenergie durch die elektrische Elementarladung $\varepsilon$ und das Potential $U$ aus, das benötigt wird, um das Elektron auf die Geschwindigkeit $v_\varepsilon$ zu beschleunigen, so nimmt [155a] die Form an:

$$h\nu = \varepsilon U + E_a. \qquad [155b]$$

Die *Einstein*sche Annahme, daß jeweils nur ein Quant mit einem Elektron am photoelektrischen Elementarakt beteiligt sind, gestattet die Aufstellung einer weiteren einfachen Beziehung.

Wird nämlich eine gesamte Strahlung der Energie $Q$ absorbiert, deren einzelne Quanten die Größe h$\nu$ haben, so ist die Gesamtzahl der Quanten $n_Q$ und damit auch die Zahl der maximal ausgelösten Photoelektronen gegeben durch die Beziehung:

$$n_Q = \frac{Q}{h\nu}. \qquad [155c]$$

$n_Q$ wird als *Quantenäquivalent* bezeichnet. Danach müßte mit sinkender Frequenz (wachsender Wellenlänge) der photoelektrisch wirksamen Strahlung ein Ansteigen der Ausbeute an Photoelektronen zu erwarten sein. Bis zu Wellenlängen von 500 μm konnte die Gültigkeit der Gleichung [155c] von *B. Gudden* und *R. W. Pohl* (81) auch für den inneren Photoeffekt nachgewiesen werden.

Der experimentelle Befund beim äußeren Photoeffekt zeigt jedoch gerade den entgegengesetzten Verlauf. Man führt dies einmal darauf zurück, daß infolge der regellosen Verteilung der Auslösungsrichtungen beim Elementarakt nur ein Bruchteil der Photoelektronen der emittierenden Oberfläche zustrebt, dann aber auch darauf, daß die Elektronenausbeuten nur rund 1/1000 des nach Gleichung [155c] maximal zu erwartenden Betrages ausmachen.

Das letztere deutet darauf hin, daß insbesondere für langwellige Strahlungen das Zustandekommen einer Energieübertragung durch einen photoelektrischen Elementarakt immer unwahrscheinlicher wird, weil die korpuskularen quantenhaften Eigenschaften der Strahlung mit wachsender Wellenlänge immer mehr gegenüber ihrer Wellennatur zurücktreten.

Aus Gleichung [155c] folgt weiter, daß die Zahl der ausgelösten Elektronen proportional der Lichtintensität ist. Dies steht mit der Erfahrung in bestem Einklang (vgl. Bd. II, Abschn. 1.2.2.2.1.). Für den äußeren Effekt konnten *J. Elster* und *H. Geitel* (82) die Gültigkeit dieser Beziehung bis zu Intensitäten von 2 Lichtquanten herab bereits 1902 nachweisen.

Reicht die Energie des Strahlungsquants nur dazu aus, in der Energiebilanz [155a, 155b] den Anteil der Austrittsarbeit ($E_a$) zu decken, so können solche Photoelektronen keine Grenzfläche mehr durchsetzen, insbesondere muß dann der äußere Effekt verschwinden. Bezeichnen wir die Strahlungsfrequenz für diesen Grenzfall mit $v_g$, so gilt:

$$E_a = h v_g.$$ [155d]

Damit läßt [155b] folgende Umformung zu:

$$U = \frac{h}{\varepsilon}(v - v_g).$$ [155e]

Es ist dies die Gleichung einer Geraden (*Einstein*sche Gerade), die aufgrund von Messungen des äußeren Photoeffektes ($U(v)$) aus dem Ordinatenabschnitt $v_g$ und aus dem Tangens des Neigungswinkels $h/\varepsilon$ und damit bei bekannter elektrischer Elementarladung $\varepsilon$ (Gl.(2)) das Wirkungsquantum h zu bestimmen gestattet. Solche Messungen sind zuerst von *R. A. Millikan* (83) vorgenommen worden (Abb. 36). Der von ihm gefundene Wert steht in guter Übereinstimmung mit Werten von h, die auf anderen Wegen erhalten wurden.

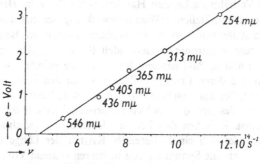

Abb. 36. *Einsteinsche Gerade*

## 2.1.2.2. *Innerer Photoeffekt im homogenen Material*

Wie bereits oben ausgeführt (vgl. Abschn. 2.1.2.), wurde der innere Photoeffekt erstmalig an Selen beobachtet (1873). Er macht sich dort durch Erhöhung der elektrischen Leitfähigkeit bei Belichtung bemerkbar (Photoleitfähigkeit). Da man sich zur Zeit der Entdeckung dieser Eigenschaft an einem Halbleiter noch keine Vorstellung vom Zustandekommen seiner Leitfähigkeit machen konnte, versuchte man sich Klarheit durch Verwendung von Substanzen zu verschaffen, die für die damalige Zeit in ihrem Leitfähigkeitsverhalten überschaubarer waren, nämlich von Isolatoren, z. B. von Alkalihalogenidkristallen. Diese zeigen den inneren Photoeffekt, d. h. die Abspaltung von Elektronen von Atomen des Kristallgitters unter dem Einfluß kurzwelliger, elektromagnetischer Strahlung (Röntgenstrahlen, UV-Licht (84, 85)). Die Strahlung ist lediglich wirksam, wenn der bestrahlte Körper in dem betreffenden Spektralgebiet eine oder mehrere Absorptionsbanden besitzt und dort insbesondere in der Nähe der Absorptionskanten (vgl. Abschn. 1.3.3.1.). Dies trifft, wie *B. Gudden* und *R. Pohl* (86) nachgewiesen haben, für alle Kristalle zu, für deren Brechungsexponent n im Durchlaßgebiet der Strahlung n > 2 gilt. In Alkalihalogeniden lassen sich solche Absorptionsbanden leicht durch Verfärbung der Kristalle künstlich hervorrufen. Hierzu bestrahlt man sie mit Röntgenstrahlen oder bombardiert sie mit Elektronen oder aber man erhitzt sie in Alkalidampf. Unter solchen sauberen und reproduzierbaren Versuchsbedingungen konnten *B. Gudden* und *R. Pohl* in einer Reihe von Arbeiten (87, 88, 89) an isolierenden Kristallen − u. a. auch an einer isolierenden Modifikation von Selenkristallen (roten Prismen mit n = 3,5) − das Zustandekommen des inneren Photoeffektes in Isolatoren aufklären. Nach wie vor blieben jedoch die Verhältnisse bei den Halbleitern im Dunkeln. Hier bedurfte es noch der grundsätzlichen Weiterentwicklung der elektronentheoretischen Vorstellungen mittels der wellenmechanischen Betrachtungsweise, die zum Elektronenbändermodell führte (vgl. Abschn. 1.5.2.3.).

B. *Gudden* und R. *Pohl* nennen den durch die primär abgespalteten Elektronen und deren Ersatz gebildeten Strom den Primärstrom, alle daran anschließenden Erscheinungen den Sekundärstrom. In Abb. 37 ist das Schema des Grundversuchs der inneren lichtelektrischen Wirkung wiedergegeben. Zwischen den beiden Elektroden K (Kathode) und A (Anode) befindet sich ein isolierender Kristall der Länge d. An den Elektroden liegt eine Spannung von mehreren tausend Volt, die durch die Batterie B geliefert wird. Als Strommesser dient das Galvanometer G. Man kann das Licht entweder durch eine durchsichtige Elektrode einfallen lassen („Längsfeld") oder aber den Kristall von der Seite belichten („Querfeld"). Unter der Einwirkung des Lichtes wird aus dem Atomverband, der in Abb. 37 als voller Punkt gezeichnet ist, ein Elektron frei gemacht, das sich unter der Einwirkung des elektrischen Feldes um den Betrag $X_-$ zur Anode hin bewegt, während der positiv geladene Rest des Atoms zur Kathode hin wandert ($X_+$). Durch Influenz ruft diese Ladungstrennung eine Aufladung $q$ der Elektroden hervor, die ihrem Absolutbetrag nach:

$$q = \frac{\varepsilon}{d}(X_+ + X_-) \qquad [156\,\mathrm{a}]$$

ist. Unter der Annahme, daß in der Zeiteinheit $n$ Ladungen getrennt werden, läßt sich für den tatsächlich fließenden Strom $i$ der Wert:

$$i = \frac{n\varepsilon}{d}(X_+ + X_-) \qquad [156\,\mathrm{b}]$$

angeben. B. *Gudden* und R. *Pohl* (87, 88) konnten zeigen, daß der Primärstrom der absorbierten Lichtenergie proportional ist, daß er trägheitslos ($< 10^{-4}$ Sek. nach W. *Flechsig* (90)) mit der Belichtung einsetzt und aufhört, und schließlich, daß er zunächst der Feldstärke direkt proportional ist, während er bei hohen Feldstärken einem Sättigungswert zustrebt.

Diese Eigenschaften besitzt der Primärstrom allerdings nur im Idealfall, denn B. *Gudden* und R. *Pohl* setzen konstante Ströme voraus, welche nur entstehen können, wenn durch die Ladungsverschiebungen im Kristallgitter keine Änderungen zurückbleiben, d. h. wenn die Elektronen sofort nachgeliefert werden. Bei den verschiedenen Kristallarten ist dieser Ersatz auch verschieden und hängt von der Temperatur und

Belichtungsart ab. Zur Verfolgung der Eigenschaften des Primärstromes hat man daher mit Erfolg kleine Belichtungszeiten und -intensitäten verwendet und nach jeder Beobachtung den ursprünglichen Zustand des Kristalls wiederhergestellt. Das letztere läßt sich durch Abwarten, Erwärmen oder Ausleuchten mit langwelligem Licht erzielen.

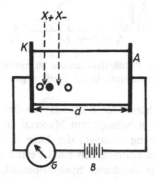

Abb. 37. Grundversuch zur inneren lichtelektrischen Wirkung an einem isolierenden Kristall

Es hat sich nämlich gezeigt, daß sich nach dem Fließen des trägheitslosen Primärstromes der Kristall in einem „erregten" Zustand befindet. Sein Absorptionsspektrum ist in Richtung längerer Wellen verflacht. Beim Wiederherstellen des Ausgangszustandes fließt — wie die Experimente ergeben haben — eine Elektrizitätsmenge, welche der bei der Belichtung bewegten gleicht, in Gestalt eines rasch abnehmenden Stromes.

Zur Erklärung dieses Vorganges nimmt man an, daß — wie schon oben erwähnt — der trägheitslos einsetzende Primärstrom auf der Bewegung frei gemachter Elektronen zur Anode hin beruht (negativer Anteil), während bei der nachträglichen Erwärmung oder Einstrahlung langwelligen Lichtes der positive Atomrest durch die thermische Molekularbewegung von einem der Kathode näherliegenden Nachbarn ein neutralisierendes Elektron erhält. Dabei wird dieser Nachbar positiv, so daß zwar nicht das Ion selbst, aber der Ort der positiven Ladung zur Kathode hinwandert (Löcherleitfähigkeit, vgl. Abschn. 1.3.3.1.) und den beim Ausleuchten beobachteten Strom liefert (positiver Anteil). Bei höheren Temperaturen überlagern sich die beiden Anteile des Primärstromes, wie aus Abb. 38 hervorgeht. Auf den trägheitslosen Einsatz des negativen Primärstromanteiles folgt ein durch den Elektronenersatz bedingter positiver Anteil, der mit der Zeit zunimmt. Nach Schluß der

Belichtung bemerkt man ein langsames Abklingen des positiven Primärstromanteils.

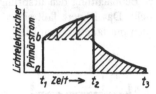

Abb. 38. Lichtelektrische Primärstromanteile in einem isolierenden Kristall (schraffiert: positiver Anteil, weiß: negativer Anteil)

Bereits bei diesem Stand der Kenntnis von der Funktionsweise des inneren Photoeffektes in homogenem Material läßt sich empirisch ein wichtiger Zusammenhang zwischen der Lage der Absorptionsbanden und der elektronischen Leitfähigkeit eines Festkörpers verstehen, nämlich daß Isolatoren im sichtbaren Spektralbereich keine Absorptionsbanden haben, also durchsichtig sind, während Metalle und Halbleiter vom ultraroten bis weit in den ultravioletten Spektralbereich sich überlappende Absorptionsbanden besitzen und daher undurchsichtig sind. Theoretisch beschreibt dieses Verhalten folgende Modellvorstellung: Je fester die absorbierenden Valenzelektronen an die Gitterbausteine gebunden sind, desto energiereicher müssen gemäß der *Einstein*schen Gleichung (vgl. Abschn. 2.1.2.1.) die das Elektron abspaltenden Lichtquanten und desto größer daher auch die Frequenz der auslösenden Strahlung sein, d. h. um so weiter liegt die Absorptionsbande in Bereichen kurzer (Ultraviolett) und kürzester (Röntgenstrahlung) Wellenlängen. Die Durchsichtigkeit anorganischer Isolatoren ist daher unmittelbar mit ihren guten Isolationseigenschaften verknüpft. Umgekehrt bedingen schwach gebundene bzw. quasifreie Elektronen (vgl. Abschn. 1.3.3.1.) in Halbleitern bzw. Metallen Absorptionsbanden im sichtbaren und ultraroten Teil des Spektrums und damit Undurchsichtigkeit.

Diese Bindungsverhältnisse lassen sich durch das Elektronenbändermodell (vgl. Abschn. 1.5.2.3.) in überschaubarer Weise erfassen. Die Bindungsenergie der Valenzelektronen an die Gitterbausteine wird darin durch den Abstand zwischen Valenz- und Leitfähigkeitsband (verbotene Zone, Energielücke, Gap) erfaßt. Je breiter die verbotene Zone, desto weniger Leitfähigkeitselektronen sind im Festkörper enthalten. Von $\Delta E > 3$ eV gilt der Festkörper als Isolator und ist durchsichtig. Im Halbleiter liegt die Breite der verbotenen Zone bei $\Delta E \approx 1$ eV, d. h. in der Regel sind eine oder mehrere diskrete charakteristische Absorptionsbanden vorhanden, die bei Durchsicht eine Verfärbung des Kristalls erkennen lassen, während bei den Metallen infolge einer Überlappung von Valenz- und Leitfähigkeitsbändern $\Delta E = 0$ wird, und die überlappenden Absorptionsbänder Undurchsichtigkeit verursachen. Das Elektronenbändermodell beschreibt die Photoleitfähigkeit von Isolatoren und Halbleitern durch den lichtelektrisch hervorgerufenen Übergang von Elektronen aus dem Valenzband in das Leitfähigkeitsband. In reinen Substanzen ist die niedrigste Strahlungsfrequenz $v_g$, welche ein Valenz- in ein Leitfähigkeitselektron verwandeln kann (d. h. die der Absorptionskante), gegeben durch die Beziehung:

$$h v_g = \Delta E, \qquad\qquad [157a]$$

wie bereits oben (vgl. Abschn. 1.3.3.1., Gl. [37]) erörtert wurde.

In Gittern mit Fehlstellen, d. h. spurenweise eingebauten Fremdatomen (Dotierung), deren energetische Einstufung im Elektronenbändermodell etwas unterhalb des Leitfähigkeitsbandes (Donatoren) bzw. etwas oberhalb des Valenzbandes (Akzeptoren) vorgenommen werden muß, wie oben bereits diskutiert worden ist (vgl. Abschn. 1.5.2.4.), lassen sich die Absorptionsbanden durch entsprechende Dotierung mit Fremdatomen in vorgegebener Weise innerhalb weiter Bereiche des Spektrums insbesondere ins Ultrarote verschieben, da für die Grenzfrequenz von Donatoren und Akzeptoren $v_{gA,D}$ gemäß Gl. (157a) gilt:

$$h v_{gA,D} = \Delta E_{A,D} \qquad\qquad [157b]$$

mit $\Delta E_{A,D} \approx 0,02$ eV und es ist daher wegen $\Delta E_{A,D} < \Delta E$ auch stets:

$$v_{gA,D} < v_g. \qquad\qquad [157c]$$

Nachdem man auf diese Weise den elektronischen Leitfähigkeitsmechanismus von Halbleitern zu beherrschen gelernt hat, sind sie für technische Anwendungen der Photoleitfähigkeit zur wichtigsten Klasse der Photoleiter geworden. Hierzu gehören außer den Kristallen von Germanium, Silizium, Tellur, Schwefel, Phosphor und Jod auch die Oxide, Sulfide, Selenide und Telluride fast aller Metalle, besonders hervorgehoben seien Cadmiumsulfid (CdS), Kupferoxydul ($Cu_2O$), Antimontrisulfid ($Sb_2S_3$) sowie die Mischkristalle der *Welker*schen 3,5-Verbindungen (vgl. Abschn. 1.3.3.1.) wie z. B. Galliumarsenid (GaAs) und Indiumantimonid (InSb). Durch geeignete Dotierungsmaßnahmen lassen sich Photoleiter herstellen, deren Leitfähigkeit sich bei Bestrahlung in weiten Grenzen (etwa bis um neun Zehnerpotenzen) ändert.

### 2.1.2.3. Photoeffekt an inneren Grenzflächen

Die Photoeffekte an inneren Grenzflächen haben wir bereits eingangs dieses Kapitels (vgl. Abschn. 2.1.2.) unter der Sammelbezeichnung „Halbleiter-Photoeffekte" zusammengefaßt. Ihnen gemeinsam ist das Auftreten einer photoelektrischen Urspannung (Photo-EMK) unter dem Einfluß einer Bestrahlung, d. h. einer unmittelbaren Umwandlung von Strahlungsenergie in elektrische Energie (vgl. Abschn. 2.1.2., sowie Bd. II, 3.7.3.) gemäß der *Einstein*schen Gleichung (vgl. Abschn. 2.1.2.1., Gl. [155a]). Im Prinzip wird dabei stets ein Elektron durch die Strahlungsenergie befähigt, ein strukturell bedingtes Elektronen- und Defektelektronenkonzentrationsgefälle entgegen dem darin herrschenden Potentialgefälle zu durchlaufen und so ein Potentialgefälle aufrechtzuerhalten, das sich als Photo-EMK auswirkt. Im Falle eines pn-Überganges (vgl. Abschn. 1.5.2.5.) kommt das Ladungsträgerkonzentrationsgefälle über die schmale Grenzschicht (Sperrschicht) zur Auswirkung, die das p- vom n-leitenden Gebiet trennt. Beim *Becquerel*-Effekt ist die Grenzschicht zwischen Festkörper (elektronische Leitfähigkeit) und Flüssigkeit (elektrolytische Leitfähigkeit) für das Auftreten eines Ladungsträgerkonzentrationsgefälles verantwortlich zu machen. Beim Kristallphotoeffekt an homogenen Festkörpern baut die Strahlung selbst infolge ihrer – aufgrund der Absorption exponentiell – abklingenden Intensität ein sich über den ganzen Kristall erstreckendes Elektronenkonzentrationsgefälle auf, gegen das einzelne Elektronen (bedingt durch die überlagerte thermische Energieverteilung) anlaufen und so das Auftreten einer Photo-EMK verursachen. Es handelt sich in diesem Fall um einen Volumeneffekt, dessen Behandlung jedoch seiner Funktionsweise nach an diese Stelle gehört.

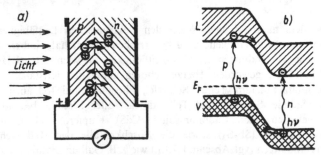

Abb. 39. Halbleiter-Photoelement
a) Vorgänge im pn-Übergang (schematisch)
b) Darstellung im Elektronen-Bändermodell

Die Entstehung einer Photo-EMK an einem pn-Übergang (Sperr-schicht) zeigt Abb. 39, und zwar entspricht Abb. 39a der Abb. 29a, der stationären Ladungsträgerverteilung zu beiden Seiten des pn-Überganges. Zusätzlich ist die photoelektrische Wirkung einer Bestrahlung einge-zeichnet, die pro Strahlungsquant jeweils ein Ladungsträgerpaar (Elek-tron und Defektelektron) erzeugt. Jeder dieser Ladungsträger wandert unter der Wirkung des Raumladungspotentials des pn-Überganges in das Gebiet gleichen Leitfähigkeitscharakters, d. h. die negativen Elek-tronen in den n(negativ)-, die positiven Defektelektronen in den p(posi-tiv)-leitenden Bereich. Dadurch wird bei Bestrahlung sowohl das n-lei-tende wie auch das p-leitende Gebiet gegenüber dem unbestrahlten Zustand höher aufgeladen, und es bildet sich eine Photo-EMK aus. Im Elektronenbändermodell (Abb. 39b) kommt dieser Effekt, der dem in Abb. 29c bzw. f dargestellten Verhalten entspricht, in einer Anhebung der Energiebänder des n-leitenden gegenüber denen des p-leitenden Gebietes zum Ausdruck. Dabei ist die Spannung der Photo-EMK durch die Breite der Energielücke (der verbotenen Zone) bestimmt, liegt also in der Größenordnung von 1 Volt. Wie aus Abb. 39b hervorgeht, muß die Energie der Strahlungsquanten $h\nu$ ausreichen, um die Energielücke $\Delta E$ zu überbrücken, d. h. es muß gelten:

$$h\nu \geqq \Delta E. \qquad [158]$$

Treten an pn-Übergängen immerhin Photo-EMKe der Größenord-nung 1 Volt auf, so ist der am längsten bekannte derartige Effekt, der *Becquerel*-Effekt, fast drei Zehnerpotenzen kleiner. Die an Grenzflächen von festen zu flüssigen Körpern (z. B. von Kupferoxydul ($Cu_2O$)-Elek-troden in Natronlauge (NaOH)) bei Belichtung einer Grenzfläche in Erscheinung tretende Photo-EMK beträgt einige Millivolt, weswegen sich dieser Effekt für praktische Anwendungen nicht durchsetzen konnte. Er besteht zweifellos aus einem Grenzflächeneffekt und einem Volumeneffekt im Elektrolyten und läuft wegen der Beweglichkeit der Flüssigkeitsionen, insbesondere der Kationen (die im reinen Festkörper-effekt an pn-Übergängen den im Gitter fest verankerten positiven Löchern entsprechen), wesentlich komplizierter ab. Wegen der verhält-nismäßig niedrigen Wanderungsgeschwindigkeiten der Flüssigkeits-ionen (Größenordnung: $\sim 10^{-3}$ cm s$^{-1}$ gegenüber Elektronen/Defekt-elektronen: $\sim 10^5$ cm s$^{-1}$ bezogen auf die Feldstärke 1 V/cm) treten Trägheitserscheinungen (An- und Abklingen des Effektes beim Ein- und Ausschalten der Bestrahlung) auf, was zu einer stärkeren Frequenz-abhängigkeit der Photo-EMK von der belichtenden Strahlung führt, die sich bei der oben als Beispiel erwähnten Elektroden/Elektrolyt-Kombination von etwa 1000 Hertz ab störend bemerkbar macht.

Was den Kristallphotoeffekt betrifft, dessen Auftreten *H. Dember* zuerst an natürlichen Kupferoxydul-Einkristallen (Kuprit) beobachtete (76, 77), so bemerkte *Dember* bereits, „daß dieser höchstwahrscheinlich durch die exponentielle Abnahme der Elektronenkonzentration infolge der Strahlungs-(Licht-)Absorption verursacht werde".

Eine sich auf das Elektronenbändermodell des Halbleiters (im vorliegenden Fall $Cu_2O$) stützende Theorie geht auf *H. Teichmann* (91) zurück. Danach baut sich je nach der Stärke der Absorption der Strahlung eine mehr oder weniger steile Potentialschwelle durch Absinken der Bandkanten im durchstrahlten Bereich auf (Abb. 40). Um mit dem

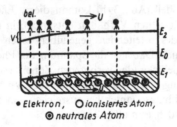

Abb. 40. Potentialschwelle als Funktion der Abnahme der Strahlungsintensität durch Absorption beim Kristallphotoeffekt

beobachteten Verlauf der Photo-EMK des Kristallphotoeffektes in Abhängigkeit von der Strahlungsintensität (Abb. 41) Übereinstimmung zwischen Beobachtungen und Theorie zu erhalten, hat *H. Teichmann* erstmalig die Möglichkeit der Darstellung von Mehr-Stufen-Prozessen mittels des Elektronenbändermodells des Halbleiters erörtert und die Betrachtungen für einen Zwei-Stufen-Prozeß bei Elektronenauslösung und -rekombination ausführlich durchgerechnet; Prozesse, die Jahre später bei der Beschreibung der Funktionsweise von Maser und Laser (vgl. Bd. IV, Abschn. 2.4.1. und 2.4.2.) von grundlegender Bedeutung werden sollten.

Sind für die Entstehung der Photo-EMK des Kristallphotoeffektes im stationären Zustand die Übergänge von Elektronen zwischen Energieniveaus im Valenz- und Leitfähigkeitsband bei deren photoelektrischer Auslösung bzw. in umgekehrter Richtung bei der Rekombination verantwortlich zu machen, so wird im nichtstationären Zustand der auftretende Photostrom zusätzlich durch das Elektronenkonzentrationsgefälle verursacht, das auf die Strahlungsabsorption zurückzuführen ist, so daß er als Diffusionsstrom aufgefaßt werden kann. Wegen der Kleinheit des Effektes (sehr geringe Stromstärken) hat er bisher praktisch keine nennenswerte Anwendung gefunden.

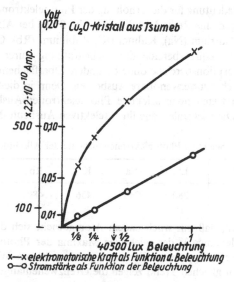

Abb. 41. Photo-EMK und Photostrom des Kristallphotoeffektes an natürlichen Cuprit-Einkristallen in Abhängigkeit von der Lichtintensität (Beleuchtung)

### 2.1.2.4. Äußerer Photoeffekt

Beim äußeren Photoeffekt handelt es sich stets um ein Austreten von Photoelektronen aus einem Festkörper. Diese müssen daher vom Strahlungsquant immer soviel Energie vermittelt erhalten, daß sie sich nicht nur vom Atomverband lösen, sondern auch die, sich bei ihrem Durchtritt positiv aufladende Oberfläche durchdringen und im angrenzenden Raum (Vakuum) frei wie Gasmoleküle bewegen können (Elektronengas). Dabei wird eine Photo-EMK beobachtet, die sich zwischen negativer Elektronenwolke im Vakuum (mit der eine Elektrode Kontakt aufnehmen kann) und positiv aufgeladenem Festkörper (der als zweite Elektrode dient) ausbildet.

Von ausschlaggebender Bedeutung für das Zustandekommen des Photoeffektes in seiner Abhängigkeit von der Strahlungsfrequenz und -intensität ist die als „Austrittsarbeit" bezeichnete Energie $E_a$, die das

Photoelektron mindestens besitzen muß, um die Oberfläche zu durchdringen (vgl. Abschn. 2.1.2.1.). Deshalb sind alle Verfahren, die darauf abzielen, durch geeigneten Aufbau und passende Struktur der Oberflächenschicht die Austrittsarbeit zu verkleinern, praktisch von so außerordentlicher Bedeutung für die Erhöhung der Photoelektronenausbeute. Allerdings zeigen eine Reihe Metalle, es ist die Reihe der Alkalimetalle: Lithium (Li), Natrium (Na), Kalium (K), Rubidium (Rb), Cäsium (Cs) im sichtbaren Frequenzbereich der Lichtstrahlung durch ihre darin liegenden Absorptionsbereiche ohne besondere Oberflächenbehandlung bereits praktisch gut verwendbare Ausbeuten. Denn in diesen Absorptionsbereichen treten hohe selektive Photoelektronen-Ausbeuten (vgl. Abb. 42) auf. Die spektrale Lage ihrer selektiven Ausbeute-Maxima ist:

Tab. 10. Selektive Photoelektronenausbeute der Alkalimetalle

| Metall | Li | Na | K | Rb | Cs |
|---|---|---|---|---|---|
| $\lambda_s$ (nm) | 280 | 340 | 436 | 480 | 530 |

Man erkennt, daß mit wachsendem Atomgewicht sich die spektrale Lage der Wellenlänge $\lambda_s$ der selektiven Maxima der Photoelektronenausbeute dieser Gruppe von Elementen nach größeren Wellenlängen verschiebt. Den gleichen Trend zeigen die Grenzwellenlängen $\lambda_g$, deren zugeordnetes Energiequent $h\nu_g = h\frac{c}{\lambda_g}$ wohl zur Ablösung des Photoelektrons vom Atom ausreicht, aber nicht groß genug ist, noch die Austrittsarbeit $E_a$ zur Überwindung der Oberflächenkräfte zu leisten (vgl. Abschn. 2.1.2.1. Gl. [155d]):

Tab. 11. Photoelektrische Grenzwellenlänge und Austrittsarbeit der Alkalimetalle

| Metall | Li | Na | K | Rb | Cs |
|---|---|---|---|---|---|
| $\lambda_g$ (nm) | 540 | 600 | 710 | 810 | 900 |
| $E_a$ (eV) | 2,28 | 2,05 | 1,74 | 1,52 | 1,37 |

Bemerkt sei noch, daß der selektive Photoeffekt als spezifischer Absorptionseffekt aufzufassen ist und daß er nur auftritt, solange die auslösende elektromagnetische Strahlung eine Komponente des elektrischen Vektors besitzt, die senkrecht zur Oberfläche steht. Dies konnte durch Messungen mit polarisiertem Licht gezeigt werden.

Sowohl die spektrale Lage des selektiven Maximums wie die der Grenzwellenlänge sind um so weiter zu größeren Werten der Wellenlänge verschoben, je kleiner die Austrittsarbeit ist. Eine Herabsetzung der Austrittsarbeit erreicht man durch Einbau von Fremdatomen in eine sehr dünne – monomolekulare – Schicht der Oberfläche der Photokathoden (zusammengesetzte Photokathoden, Mehrstoff-Photokathoden, Legierungsphotokathoden). Hierzu gehören z. B. die Cäsium-Cäsiumoxid-Silber $(Cs - Cs_2O - Ag)$ Schichten nach *K. T. Bainbridge* und *L. R. Koller* (92), die die allgemeinste Anwendung gefunden haben, sowie die Legierungsschichten von Kalium und Cäsium mit Wismut bzw. Antimon $(K - Bi, K - Sb, Cs - Bi, Cs - Sb)$ nach *P. Görlich* (93). Die Funktionsweise der ersteren haben wir uns nach *J. H. de Boer* (94) so vorzustellen, daß die Alkalimetallatome in feinster – monoatomarer – Verteilung an der $Cs_2O$-Schicht adsorbiert sind, wodurch ihre Ionisationsenergie und damit auch die Austrittsarbeit herabgesetzt werden. Bei Bestrahlung tritt an diesen adsorbierten Atomen eine Photoionisation durch photoelektrische Elementarakte ein, deren spektrale Lage durch die Strahlungsabsorption in der $Cs_2O$-Schicht bedingt ist. Da hierdurch eine verstärkte Rekombination in der monoatomaren Schicht verursacht wird, stehen deren Atome rascher für eine neue Photoelektronenemission bereit. Dieser Nachlieferungseffekt von Elektronen durch die Unterlageschicht bedingt nach *H. Teichmann* (95) die hohe selektive Photoelektronenausbeute an zusammengesetzten Photokathoden. Die $[Cs - Cs_2O - Ag]$-Photokathode hat eine langwellige Grenzwellenlänge von $\lambda_g = 1200\,nm$. Das Maximum ihrer Photoelektronenausbeute liegt zwischen 750 und 800 nm. Zur Gruppe der zusammengesetzten Photokathoden gehört auch die früher sehr viel verwendete **Kalium-Kaliumhydrid-Kalium**

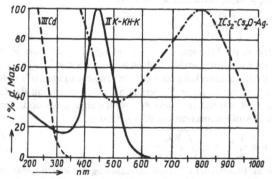

Abb. 42. Selektiver äußerer Photoeffekt an zusammengesetzten Photokatoden

[K−KH−K]-Photokathode, deren langwellige Grenzwellenlänge bei 630 nm und deren selektives Ausbeutemaximum bei 436 nm liegen. Ihre photoelektrische Empfindlichkeit ist im blauen und ultravioletten Spektralbereich größer (Abb. 42).

Auf eine interessante Eigenschaft solcher Schichten hat *R. H. Fowler* (96) aufmerksam gemacht. Abgesehen von den selektiven optischen Eigenschaften weisen diese extrem dünnen Schichten auch Selektivitäten der Elektronendurchlässigkeit auf, die auf einem Interferenzeffekt der Elektronen-Materiewellen (Wellenlänge $\lambda_\varepsilon$) beruhen (vgl. Abschn. 1.2.4. und 1.5.2.2.). Beim Durchfliegen des periodischen Kristallgitters eines Festkörpers werden die Elektronen immer dann maximal durchgelassen werden, wenn ihre Materiewellenlänge $\lambda_\varepsilon$ und der Abstand der Potential-hügel im Kristallgitter (Gitterkonstante $a$) in der Beziehung stehen:

$$a = n\frac{\lambda_\varepsilon}{2}. \qquad [158]$$

Wenn − wie es diese Gleichung aussagt − der Potentialhügelabstand $a$ ein ganzzahliges (n) Vielfaches der halben Materiewellenlänge des Elektrons ist, treten keine Reflexionen an den Potentialhügeln auf und damit entfallen die Interferenzen von fortschreitender mit reflektierter Welle, die sonst zum Auslöschen der Welle führen können.

Eine Überschlagsrechnung stützt die *Fowler*sche Hypothese:
Nach den Ausführungen in Abschnitt 1.5.2.1. Gl. [111] kann die Materie-wellenlänge $\lambda_\varepsilon$ aus der Elektronenenergie $E_s$ im selektiven Ausbeutebereich mittels der Beziehung:

$$\lambda_\varepsilon = \frac{h}{\sqrt{2\,m_\varepsilon E_s}} \qquad [159\,a]$$

mit $E_s = h\nu_s = hc/\lambda_s$ berechnet werden zu:

$$\lambda_\varepsilon = \sqrt{\frac{h\lambda_s}{2\,m_\varepsilon c}}, \qquad [159\,b]$$

wobei $\nu_s$ bzw. $\lambda_s$ die Frequenz bzw. Wellenlänge der Strahlung im selektiven Photoelektronenausbeutebereich bedeuten. Setzen wir in [158] n = 1 (Haupt-maximum der Durchlässigkeit), so ergibt sich zwischen Potentialhügelabstand $a$ im Kristallgitter, der in erster Näherung als größengleich mit der Gitterkon-stanten aufgefaßt werden darf, und der Wellenlänge $\lambda_s$ im optischen Bereich des selektiven Ausbeutemaximums die Gleichung:

$$a = \frac{1}{2}\lambda_\varepsilon = \frac{1}{2}\sqrt{\frac{h\lambda_s}{2\,m_\varepsilon c}}. \qquad [159\,c]$$

Legen wir als Beispiel der Überschlagsrechnung das selektive Maximum einer [K−KH−K]-Photokathode mit dem Wellenlängenwert $\lambda_s = 4,36 \cdot 10^{-5}$ cm zugrunde, so erhalten wir mit h = $6{,}36 \cdot 10^{-27}$ erg·s, $m_e = 9{,}11 \cdot 10^{-28}$ g, $c = 3 \cdot 10^{10}$ cm·s$^{-1}$ für die „Gitterkonstante" $a$ den Wert: $3{,}70 \cdot 10^{-8}$ cm, was größenordnungsmäßig in sehr guter Übereinstimmung mit der Erfahrung steht.

Obwohl der äußere Photoeffekt sehr wohl für eine Energiekonversion verwendet werden kann, weil die Photoelektronen je nach der Tiefe ihrer Auslösung bis maximal die gesamte Austrittsarbeit in das Photospannungsäquivalent einer Photo-EMK umsetzen können, die im sichtbaren Strahlungsbereich in der Größenordnung von 1 Volt liegt, greift man dafür doch lieber auf Photoelemente mit inneren Grenzflächen zurück, die das gleiche leisten, aber kein Vakuum und die damit verknüpften technologischen und praktischen Komplikationen für ihre Herstellung und ihr Funktionieren aufweisen (vgl. Bd. II, Abschn. 1.2.2.2.).

## 2.1.3. Elektronenauslösung durch thermische Energie

Führt man den quasi-freien Elektronen in einem Festkörper thermische Energie zu, so ergibt dies eine Steigerung der mittleren Energie der Elektronen, die schließlich so groß werden kann, daß sie die Größenordnung der Austrittsarbeit erreicht und die Elektronen befähigt, den Festkörper zu verlassen. Grenzt dessen Oberfläche an ein Vakuum, können sie sich darin frei bewegen und bilden entweder eine stationäre negative Raumladungswolke oder einen Elektronenstrom, wenn sie über eine Auffangelektrode abgesaugt und zum Festkörper zurückgeführt werden. Gemäß ihrer hohen kinetischen Energie können sie – ähnlich wie die Photoelektronen – ein Potential aufbauen, das einer „thermionischen EMK" entspricht (wie man sie dem angelsächsischen Sprachgebrauch nach nennt, der thermisch ausgelöste Elektronen als *Thermionen* bezeichnet).

## 2.1.3.1. Glühelektrischer Effekt

Greift beim photoelektrischen Effekt die auslösende Strahlung in einer, energetisch durch die *Einstein*sche Gleichung (vgl. Abschn. 2.1.2.1., Gl. [155a]) überschaubaren Weise am Atomverband an, so läßt sich bei der thermischen Elektronenemission ähnlich wie bei der Sekundärelektronenemission (vgl. Abschn. 2.1.1.2.) keine so transparente Gesetzmäßigkeit für den Elementarakt angeben wie bei der Photoelektronenemission. Vielmehr müssen wir uns bei dem von *T. A. Edison* (9) entdeckten glühelektrischen Effekt mit einem pauschalen Emissionsgesetz, der *Richardson*schen Gleichung (10), bescheiden. Gemeinsam bleibt dem photo- und dem glühelektrischen Effekt das energetische Vermögen,

Elektronen zu befähigen, die Austrittsarbeit an der Oberfläche eines Festkörpers zu leisten und dadurch eine äußere Grenzfläche zu durchdringen. Deshalb gilt das Emissionsgesetz in der gleichen funktionalen Gestalt für beide Prozesse, zumal es aus rein thermodynamischen Überlegungen abgeleitet wird, die unabhängig vom Auslösemechanismus der Elektronen im Festkörper sind.

## 2.1.3.2. Richardsonsche Gleichung

Zur Ableitung des *Richardson*schen Emissionsgesetzes betrachten wir den Vorgang der Elektronenemission durch eine äußere Grenzfläche als einen Verdampfungsprozeß von Elektronen und setzen ihn in Parallele zum Übergang eines monoatomaren Gases (z. B. Helium) aus der flüssigen in die gasförmige Phase. Dann können wir hierfür nach S. *Dushman* (97, 98) die *Clausius-Clapeyron*sche Verdampfungsgleichung zum Ansatz bringen:

$$\frac{d(\ln p_{\varepsilon})}{dT} = \frac{L}{RT^2} \, . \qquad [160]$$

Hierin bedeuten $p_{\varepsilon}$ den Druck des Elektronengases im Vakuum, $T$ die absolute Temperatur, $L$ die Verdampfungswärme bei konstantem Druck und $R$ die Gaskonstante. Für die Integration ist die Kenntnis der Temperaturabhängigkeit der Verdampfungswärme $L(T)$ erforderlich. Bedenken wir, daß wir ihr energetisches Äquivalent bei jeder Temperatur $T$ in der Differenz der spezifischen Wärmen bei konstantem Druck $C_p$ und $c_p$ der beiden Aggregatzustände zu sehen haben, so gilt:

$$L = L_0 + \int_0^T C_p \, dT - \int_0^T c_p \, dT, \qquad [161]$$

wobei die Integrationskonstante $L_0$ die Verdampfungswärme bei $T = 0$ ist.

Auf das Mol bezogen ist der Wert von $C_p$ für das „monoatomare" Elektronengas $\frac{5}{2}$ R. Für den Wert der spezifischen Wärme der quasifreien Elektronen im Festkörper ($c_p = c_v = \bar{c}$) haben wir (wiederum auf das Mol bezogen) $\frac{3}{2}$ R zu setzen (vgl. Abschn. 1.4.2.7., Gl. [86]), wenn wir der klassischen Elektronentheorie folgen (I.). Legen wir jedoch die *Sommerfeld*sche Elektronentheorie zugrunde (II.), so müssen wir nach *Fermi* eine Entartung des Elektronengases annehmen, die dadurch gekennzeichnet ist, daß die Elektronen in dem in Frage kommenden

116

Temperaturbereich keinen Beitrag zur spezifischen Wärme liefern (vgl. Abschn. 1.4.2.7., Gl. [93]). Die Integration der Gleichung [160] ergibt in diesen beiden Fällen:

I. $\quad \ln p_\varepsilon = -\dfrac{L_0}{RT} + \ln T + \ln \bar{A}$

II. $\quad \ln p_\varepsilon = -\dfrac{L_0}{RT} + \dfrac{5}{2} \ln T + \ln \bar{A}$

[162a]

oder:

I. $\quad p_\varepsilon = \bar{A}\, T\, e^{\frac{-L_0}{RT}}$

II. $\quad p_\varepsilon = \bar{A}\, T^{\frac{5}{2}}\, e^{\frac{-L_0}{RT}},$

[162b]

wobei $\bar{A}$ eine Integrationskonstante ist und $p_\varepsilon$ den Elektronengasdruck bedeutet. Nach der kinetischen Theorie entsteht der Gasdruck durch die Impulsübertragung beim Auftreffen der Atome bzw. Elektronen auf den Festkörper. Je mehr Teilchen auftreffen, desto größer ist der Druck, d. h. der Druck ist der Teilchenkonzentration (Elektronenkonzentration $n_\varepsilon$) bzw. der in der Zeiteinheit auf die Flächeneinheit auftreffenden Elektronenzahl $n_\varepsilon' = n_\varepsilon\, \bar{c}$ proportional, wobei $\bar{c}$ die mittlere Elektronengeschwindigkeit bedeutet. Diese ist nach Abschnitt 1.4.1.1. Gl. [38] ihrerseits $T^{\frac{1}{2}}$ proportional, und $n_\varepsilon$ gemäß der Zustandsgleichung des Elektronengases:

$$p_\varepsilon = \frac{R}{V_\varepsilon}\, T = \frac{N_\varepsilon}{V_\varepsilon}\, kT = n_\varepsilon kT \qquad [162c]$$

(wobei $N_\varepsilon$ und $V_\varepsilon$ auf das Mol bezogen sind) proportional der Größe $p_\varepsilon/T$, so daß gilt:

$$n_\varepsilon' \sim p_\varepsilon / T^{\frac{1}{2}}. \qquad [162d]$$

Da im Gleichgewichtszustand gleichviel Elektronen die Oberfläche treffen wie austreten, kann man in beiden Fällen den Emissionsstrom $i_\varepsilon = n_\varepsilon' \cdot \varepsilon$ ($\varepsilon$ Ladung des Elektrons) angeben:

I. $\quad i = A\, T^{\frac{1}{2}}\, e^{-\frac{E}{kT}}$

II. $\quad i = A\, T^2\, e^{-\frac{E_a}{kT}}.$

[162e]

Hierbei sind unter A alle konstanten Größen zusammengefaßt, und es ist für die Austrittsarbeit, die ein Elektron zu leisten hat, ($E_a = L_0/N_\varepsilon$, $N_\varepsilon$ Anzahl der Elektronen im Mol) gesetzt worden.

Die Beziehung [162e] I. ist die *Richardson*sche Gleichung nach der klassischen Elektronentheorie, die den Elektronen einen 50%igen Anteil an der spezifischen Wärme des Festkörpers zuspricht, während die Beziehung [162e] II. die Fermistatistik (vgl. Abschn. 1.4.2.7. und 1.4.2.8.) berücksichtigt. Beide unterscheiden sich nur im Exponenten der Temperatur $T$, die als Faktor vor der Exponentialfunktion steht. Experimentell lassen sich die beiden Formen nicht unterscheiden, weil eine meßbare thermische Elektronenemission erst bei $T \approx 750$ K einsetzt. Das exponentielle Anwachsen der e-Funktion in Abhängigkeit von $T$ überwiegt bei dieser Temperatur bereits den Einfluß der als Faktoren auftretenden Potenzen von $T$.

Die Austrittsarbeit $E_a$ für einige reine Metalle, gemessen in Elektronenvolt, beträgt:

Tab. 12. Austrittsarbeiten einiger, für Glühkatoden verwendeter Metalle

| Metall | Cs | Ba | Th | W | Pt |
|---|---|---|---|---|---|
| $E_a$(eV) | 1,37 | 2,13 | 3,35 | 4,52 | 5,32 |

d. h. sie liegt für die hocherhitzbaren Metalle Thorium, Wolfram und Platin zwischen 3−5 Elektronenvolt.

Ähnlich wie bei den Photokatoden kann man auch bei den Glühkatoden die Austrittsarbeit bis unter 1 Elektronenvolt durch Oberflächenbehandlung herabsetzen. Auch hier wieder erweisen sich monoatomare Schichten als äußerst wirksam. Cäsium- und Thoriumschichten dieser geringen Dicke lassen $E_a$-Werte von 1,3 bzw. 2,6 Elektronenvolt an Wolframkatoden erzielen (thorierte W-Katoden). Eine weitere Verkleinerung von $E_a$ bis in den Bereich von 0,7−1,0 Elektronenvolt erreicht man, wenn man eine W- oder Pt-Katode mit Metalloxiden (Wolframoxid, Bariumoxid, Strontiumoxid) überzieht. Solche Katoden arbeiten jedoch erst nach einem thermischen Formierungsprozeß optimal. Man nimmt an, daß dabei die Oxidschicht in einen Halbleiter optimaler Donatorendichte verwandelt wird. Dafür spricht, daß die formierte Schicht eine Elektronenkonzentration von $n \approx 10^{13}$ cm$^{-3}$ aufweist, während $E_a$ von etwa 4 auf rund 1 Elektronenvolt abgesunken ist, aber auch, daß ein zu starkes Glühen (über 1000 K hinaus) die ursprünglich hohe Emission schnell verschwinden läßt, was offenbar auf eine Zerstörung der halbleitenden Oberflächenschicht zurückzuführen ist. Die Konstante A der *Richardson*schen Gleichungen [162e, I.] und [162e, II.] hat, wie *S. Dushman* (98) gezeigt hat, für Metalle einheitlich den Wert 60, wenn man die Elektronenstromdichte in Amp/cm$^2$ mißt.

Wie bereits erwähnt (vgl. Abschn. 2.1.3.1.), muß die *Richardson*sche Gleichung grundsätzlich in der gleichen funktionalen Gestalt für den äußeren Photoeffekt gelten. Beachtet man, daß photoelektrisch die Austrittsarbeit $E_a$ durch die Grenzfrequenz $\nu_g$ festgelegt ist, so nehmen die beiden Formen der *Richardson*schen Gleichung mit $E_a = h\nu_g$ die Gestalt an:

I. $\quad i = A\,T^{1/2}\,e^{-\frac{h\nu_g}{kT}}$

II. $\quad i = A\,T^2\,e^{-\frac{h\nu_g}{kT}}$

[162 f]

## 2.1.4. Elektronenauslösung durch elektrische Energie

Ein sehr starkes, äußeres elektrisches Feld kann in zweifacher Hinsicht bewirken, daß Elektronen aus ihrer Bindung im Atomverband gelöst werden:

1. dadurch, daß sich das Potential des äußeren Feldes dem Coulombschen des Kernfeldes in etwa gleicher Größenordnung überlagert, was zu einer Ionisation des Atoms führt, und

2. dadurch, daß die hohe Feldstärke des äußeren Feldes das Auftreten des wellenmechanischen Tunneleffektes, d. h. die Unterwanderung des Potentialwalles, der das Atom umgibt, begünstigt.

Beide Effekte überlagern sich und führen zum Auftreten freier Elektronen durch Feldionisation. Eine entsprechende Erscheinung tritt an einem Komplex von Atomen, die ein Kristallgitter bilden, also an einem Festkörper — insbesondere an Metalloberflächen — auf. Dort führen besonders starke, äußere Felder zu einer Emission freier Elektronen, der Feldelektronenemission. Besonders hohe Feldstärken ($F > 10^6$ Volt cm$^{-1}$) bilden sich an Spitzen (Krümmungsradius $< 10^{-5}$ cm) und Kanten der Oberfläche infolge der Zusammendrängung der Äquipotentialflächen aus, aber auch durch Aufladung dünner, isolierender, auf die Oberfläche aufgebrachter Schichten.

## 2.1.4.1. Einfluß des äußeren Feldes

Das einfachste Kernfeld, in dem sich auch nur ein Elektron bewegt, ist zweifellos das des Wasserstoffatoms (Kernladung: $+\varepsilon$, Valenzelektronladung: $-\varepsilon$). Sein Coulombsches Potential sei $U(r)$, wobei $r$ den Radius der Elektronenbahn (bzw. den Abstand Kern–Elektron) bedeutet. Der Potentialverlauf ist der Abb. 43a (gestrichelte Kurven) zu entnehmen.

Denkt man sich dieses Gebilde in Umdrehungen um seine Symmetrie-achse versetzt, so hüllt es einen trichter- bzw. topfförmigen Raum ein, den man generell als Potentialtopf zu bezeichnen pflegt (vgl. Abb. 16). Der Atomkern ist auf dem Boden dieses Topfes liegend zu denken, und das an ihn gebundene Elektron kann seinen Bindungskräften nur entfliehen, wenn es über den Rand des Topfes gehoben wird. Und gerade dieser Rand wird durch das sich dem Coulombfeld des Atomkerns überlagernde, starke, äußere Feld $F$, das wir uns als homogen und in einer bestimmten Richtung verlaufend vorstellen wollen, herab-gebogen, so daß dadurch das Entweichen des Elektrons aus dem Atom-verband begünstigt wird. Der Potentialverlauf, in dem sich das Elektron bewegt, hat dabei die Gestalt:

$$U(r) = -\frac{\varepsilon^2}{r} - Fx.$$  [163]

Ganz entsprechend können wir uns die Feldemission aus der Ober-fläche kalter Metalle vorstellen. Pauschal schematisieren wir die Metall-oberfläche mit dem Rand eines Potentialtopfes, in dem sich die quasi-freien Elektronen in den verschiedenen Energiezuständen des Leit-fähigkeitsbandes befinden. Auch hier wieder tritt durch die Überlagerung der Potentiale der Kernfelder mit dem Potential des hohen, äußeren Feldes eine Herabbiegung des Randes des Potentialtopfes ein, was den Elektronenaustritt erleichtert (Abb. 43 b).

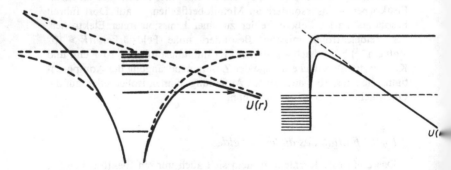

Abb. 43. Feldelektronenemission als Folge einer Störung des Potentialverlaufs $U(r)$ durch äußere elektrische Felder
a) am Wasserstoffatom
b) an der Oberfläche eines Festkörpers

## 2.1.4.2. Einfluß des Tunneleffektes

Die Verbiegung des Randes des Potentialtopfes, mit der wir die Auswirkung eines starken äußeren Feldes auf die Kernfelder im Metall beschrieben haben (Abb. 43b), führt je nach dem Grad der Verbiegung des Randes zur Entstehung eines mehr oder weniger schmalen Potentialwalles, dessen Begrenzung nach außen energetisch unter die oberste Grenze der von Elektronen besetzten Zustände des Leitfähigkeitsbandes im Innern des Metalls reicht. Wie aus der Beziehung für den Tunneleffekt (Gl. [123], vgl. Abschn. 1.5.2.2.) hervorgeht, wird die Unterwanderung des Potentialwalles um so mehr begünstigt, je schmäler dieser ist (kleine Breite $l$, a. a. O.) und je größer die Energie der Elektronen − infolge der hohen Feldstärke − ist (große Materiewellenlänge $\lambda_e$, die sich aus der − bei hohen Feldstärken − kleinen Energiedifferenz zwischen Potentialwallhöhe und Elektronenenergie errechnet).

Die Feldelektronenemission setzt daher exponentiell zunehmend bereits ein, bevor die Elektronenenergie den Potentialwert der größten Höhe des Potentialwalles erreicht.

## 2.1.4.3. Feld-optische Effekte

Ein äußeres elektrisches Feld kann auch noch andere Wirkung an isotropen Körpern verursachen, sofern deren Moleküle ein natürliches Dipolmoment besitzen, bzw. ein starkes äußeres Feld ein solches induzieren kann. Da ein elektrisches Dipolmoment zu einer Ausrichtung der betreffenden Moleküle führt, entsteht eine optische Anisotropie, d. h. eine Richtungsabhängigkeit des Brechungsexponenten, die sich bei Durchstrahlung des Körpers als (elektrische) Doppelbrechung bemerkbar macht. Ein senkrecht zum äußeren elektrischen Feld den Körper durchdringender Strahl wird in zwei linear polarisierte Strahlen aufgespalten, den ordentlichen und außerordentlichen Strahl, die sich mit den Geschwindigkeiten $\dfrac{c}{n_0}$ und $\dfrac{c}{n_a}$ ($c$ Lichtgeschwindigkeit im Vakuum, $n_0$ bzw. $n_a$ Brechungsexponent des ordentlichen bzw. außerordentlichen Strahles) ausbreiten.

Der dadurch entstehende relative Gangunterschied $(\Delta\lambda/\lambda)_e$ beträgt bei einer durchstrahlten Schicht der Länge $l$ nach $J. Kerr$ (99):

$$\left(\frac{\Delta\lambda}{\lambda}\right)_e = (n_a - n_0)\, l/\lambda = K(\lambda)\, l F^2 , \qquad [164a]$$

d. h. er ist dem Quadrat der elektrischen Feldstärke proportional. In [164a] ist $K$ − die sogenannte $Kerr$-Konstante − eine Funktion der

Wellenlänge λ des eingestrahlten Lichtes. Der *Kerr*-Effekt tritt praktisch trägheitslos (Einstellzeit $< 10^{-8}$ s) auf und eignet sich daher technisch besonders für Lichtsteuerungszwecke (vgl. Bd. II, Abschn. 1.3.5.2.).

In die Reihe feldoptischer Effekte gehören auch solche, die auf Einwirkung äußerer Magnetfelder beruhen. Am bekanntesten ist der *Faraday*-Effekt (100), der in der Drehung der Polarisationsebene linear polarisierten Lichtes besteht, das sich in einer beliebigen Substanz in Richtung der magnetischen Feldlinien ausbreitet, der magnetooptische *Kerr*-Effekt (101), der sich in der Veränderung der Polarisationsverhältnisse bei Lichtreflexion an spiegelnden Magnetflächen ausweist, sowie der *Cotton-Mouton*-Effekt (102), der das Gegenstück zum *Kerr*-Effekt darstellt, d. h. durch einen magnetischen Einstelleffekt, der in Wechselwirkung mit einem magnetischen Moment der Moleküle auftritt, eine (magnetische) Doppelbrechung hervorruft. Für den relativen Gangunterschied $(\Delta\lambda/\lambda)_m$ erhält man analog zu [164a]:

$$\left(\frac{\Delta\lambda}{\lambda}\right)_m = C(\lambda)\, l H^2 . \qquad [164\,\text{b}]$$

Schließlich seien noch der *Stark* (103)- und *Zeeman* (104)-Effekt erwähnt, bei denen eine Aufspaltung von atomaren Energiezuständen (*Termen*) unter der Einwirkung starker äußerer elektrischer bzw. magnetischer Felder eintritt, die sich im Spektrum in einer Aufspaltung von Spektrallinien bemerkbar macht.

## 2.2. Lumineszenzerscheinungen

Reicht die von außen einem *Atom* auf eine der in Abschnitt 2.1. näher behandelten Arten zugeführte Energie zur Loslösung eines oder auch mehrerer Elektronen nicht aus, so kommt es zwar zu keiner Ionisierung des Atoms, aber zu einer Anregung. Man versteht darunter das Anheben eines bzw. mehrerer Elektronen von niedrigen auf höhere Energieniveaus (Terme). Solche Elektronen pflegen eine − von der Atomstruktur und der Temperatur abhängige − Zeit (Verweilzeit) im angeregten Term zu verharren, um dann aus dem höheren Energieniveau ($E_2$) in den energetisch stabileren Ausgangsterm des niedrigeren Energieniveaus ($E_1$) zurückzufallen. Die Termdifferenz wird in der Regel in Form von Strahlungsenergie mit der Frequenz:

$$\nu_{21} = \frac{E_2 - E_1}{h} \qquad [165]$$

abgestrahlt und als *Lumineszenz*erscheinung beobachtet.

Man unterscheidet aufgrund verschiedener Verweilzeiten bei Stoß-
anregung (durch Elektronen oder Ionen) die *Fluoreszenz,* bei der infolge
kurzer Verweilzeiten $\tau$ ($\tau < 10^{-6}$ s) Anregung und Lumineszenzleuchten
praktisch zusammenfallen, von der *Phosphoreszenz,* die auch nach
Wegfall der Anregung wegen großer Verweilzeiten ($\tau > 10^{-6}$ s) ein Nach-
leuchten zeigt (105, 106).

Durch thermische Energie angeregtes Leuchten (z. B. in einer Flamme)
bezeichnet man als *Thermolumineszenz,* Anregung durch chemische
Energie (z. B. das Leuchten oxidierenden Phosphors) als *Chemilumines-
zenz.* Hierher gehört auch der reversible, durch Enzyme gesteuerte
Oxidationsprozeß, der das „kalte Leuchten" der *Biolumineszenz* (z. B.
das Leuchten der Glühwürmchen) hervorruft. Reibungsenergie ist die
Ursache der *Tribolumineszenz* (z. B. die Leuchterscheinung beim Auf-
reißen einer Isolierbandrolle).

Aus der Beziehung [165] erklärt sich auch zwanglos die 1855 von
*G. G. Stokes* (107) aufgestellte *Stokes*sche Regel, daß das Lumineszenzleuchten bei Strahlungsanregung nicht kurzwelliger als die erregende
Strahlung sein darf. Daß trotzdem hin und wieder ein solcher Effekt
beobachtet wird (antistokessche Linien), kann nur durch eine statistisch
zwar unwahrscheinlichere, aber mögliche erneute Anregung eines bereits
angeregten Termes innerhalb von dessen Verweilzeit erklärt werden.

In diesem Zusammenhang ist der von *A. Smekal* 1923 theoretisch
vorausgesagte und von *C. V. Raman* 1928 (108) experimentell nachge-
wiesene Effekt der Transponierung von Termdifferenzen aus dem ultraroten Spektralbereich in andere Gebiete des Spektrums zu erwähnen.
Der *Raman*-Effekt wird bei der Streuung von Licht an *Molekülen* im
Spektrum des Streulichtes beobachtet. Das Ultrarotspektrum von Molekülen entstammt stets Termdifferenzen aus dem Bereich der *molekularen*
Schwingungsenergien. Ähnlich wie beim Zustandekommen antistokes-
scher Linien ist eine Überlagerung von angeregten Termen für das Zustandekommen des *Raman*-Effektes verantwortlich zu machen. Gibt das
erregende Strahlungsquant im Rahmen einer zweiten Anregung Energie
an das Molekül ab, so tritt eine Verschiebung der ultraroten Termdifferenzen zu kurzen Wellenlängen, d. h. in den optisch nachweisbaren
Bereich, ein. Nimmt es — was auch im Bereich des Möglichen liegt —
Energie aus dem Molekül auf, so tritt eine Transponierung des ultraroten
Bereichs in Gebiete noch größerer Wellenlängen auf. Der zuerst disku-
tierte Fall hat die Ausmessung der Molekülspektren im Ultraroten und
damit die Erweiterung unserer Kenntnis der Molekülstruktur durch
optische Messungen in Ultrarot-Bereichen möglich gemacht, die bis
dahin optisch nicht nachweisbar waren.

## 2.2.1. Leuchtstoffe

Substanzen, die Lumineszenzerscheinungen – Fluoreszenz und Phosphoreszenz – zeigen, haben unter der Bezeichnung *Leuchtstoffe* für die Konstruktion der verschiedenartigsten Leuchtschirme für Bildröhren mit elektronischer Bildaufzeichnung wie für die Herstellung von Leuchtstoffröhren zu Beleuchtungszwecken große Bedeutung erlangt (vgl. Bd. II, Abschn. 3.5.2.1.). Speziell sind es Festkörper, die eine Kristallstruktur besitzen, in die Störstellen entweder an Zwischengitterplätzen eingebaut sind oder an die Stelle von Gitterbausteinen der Festkörpersubstanz treten. Wir wollen uns wegen ihrer praktischen Bedeutung auf die Diskussion der Funktionsweise dieser Arten von Leuchtstoffen beschränken.

Unter Verwendung des Elektronenbändermodells vom Festkörper (vgl. Abschn. 1.5.2.3.) läßt sich für diese Leuchtstoffe zeigen, daß ihr Lumineszenzverhalten – ähnlich dem Leitfähigkeitsverhalten von Halbleitern – durch den Einbau von Fremdatomen (Störstellen) in das Kristallgitter bestimmt wird. Damit gewinnen wir auch einen tieferen Einblick in das unterschiedliche Verhalten bei Fluoreszenz und Phosphoreszenz, das wir eingangs graduell durch die Größe der Verweilzeit im angeregten Term festlegten, wobei der Festlegung der Grenzzeit zwischen beiden Erscheinungen ($\tau = 10^{-6}$ s) eine gewisse Willkür anhaftet.

Da die Grundsubstanzen der Leuchtstoffe (z. B. nach *Ph. Lenard* (109) die Erdalkalisulfide und -oxide) in reiner Form keine Lumineszenzerscheinungen zeigen, sondern erst durch spurenweise Beigaben (etwa $10^{-4}-10^{-2}$ %) von Cu, Ag, Mn, Pb und seltenen Erden hierzu aktiviert werden, bietet sich ein ähnliches schematisches Elektronenbändermodell zur Beschreibung der Lumineszenzerscheinungen an (Abb. 44), wie wir es für die Erklärung des elektrischen Leitfähigkeitsverhaltens von Halbleitern kennenlernten (vgl. Abschn. 1.5.2.3., Abb. 24).

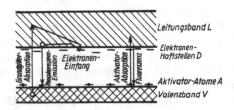

Abb. 44. Bändermodell eines Festkörpers-Phosphors mit Aktivatoratomen (A) und Elektronenfallen (D)

Als Störstellen sind die Energieniveaus der *Aktivator-Atome* (A) innerhalb der verbotenen Zone unmittelbar über dem Valenzband eingezeichnet. Die Elektronenstoß- oder Strahlungsanregung greift bei jeder Art Lumineszenzerscheinung am Aktivatoratom an. Die Anregung hebt ein Elektron ins Leitfähigkeitsband. Fällt es von dort sofort in seinen Grundzustand im Aktivatoratom zurück, so sprechen wir von der Erscheinung der Fluoreszenz.

Haben sich jedoch unter dem Einfluß der als Störstellen wirkenden Aktivatoratome in dem Atomkollektiv der Kristallstruktur des Festkörpers zusätzliche metastabile Terme ausgebildet, die wir in unserem schematischen Elektronenbändermodell (Abb. 44) unterhalb des Leitfähigkeitsbandes eingetragen haben, so nimmt das Elektron erst einen oder auch mehrere Zwischenzustände ein, ehe es zum Aktivatoratom zurückkehrt. Diese Zwischenterme D (*Traps, Elektronenfallen, Haftstellen* – um die häufigsten der dafür in der Literatur vorkommenden Bezeichnungen anzuführen) bewirken die lange Rekombinationsdauer, die wir oben rein phänomenologisch als große Verweilzeiten bezeichneten. Die so zustandekommende Lumineszenzerscheinung (Übergang vom trap-term zum Aktivatorterm) ist die der Phosphoreszenz. Das Elektronenbändermodell zeigt demnach, daß der Unterschied zwischen Fluoreszenz und Phosphoreszenz nicht nur ein gradueller ist, wie es aufgrund der Verweilzeitunterschiede erscheinen mochte, sondern daß grundsätzliche Unterschiede im Funktionsablauf zwischen der Absorption der Anregungsenergie und der Emission der Lumineszenzstrahlung bestehen.

Als Leuchtstoffe für Schwarz-Weiß-Fernsehbildschirme verwendet man ein Gemisch komplementär strahlender Leuchtmassen von ZnS [Ag] und ZnS, CdS [Ag], d. h. mit Ag-Störstellen, das ein fast weißes Phosphoreszenzlicht zeigt (110); Phosphoreszenz deshalb, damit zur Entstehung der Bildeindrucks der einzelne Bildpunkt etwa 1/25 s nachleuchtet. Für Farbfernsehbildschirme gewinnt man blaue, grüne und rote Phosphoreszenzen auf dem Bildschirm durch Verwendung beispielsweise folgender Leuchtstoffe:

$$ZnS \, [Ag] \, (blau); \; Zn_2S[Mn] \, (grün); \; ZnP \, [Eu] \, (rot).$$

In Kathodenstrahlröhren werden gern $CaWO_3$ (Calziumwolframat)-Schirme (blau), zum Nachweis von Röntgenstrahlen $Pt(CN)_4Ba$ (Bariumplatincyanür)-Schirme (grün), zur Wahrnehmbarmachung von α-Teilchen ZnS [Cu]-Schirme (gelb-grün) verwendet. Für Radarzwecke benutzt man längere Zeit (einige Sekunden) nachleuchtende Leuchtstoffe für die

Bildschirme, da der Radarstrahl relativ langsam kreist und sonst kein zusammenhängender Bildeindruck entsteht.

Leuchtröhren sind Gasentladungsröhren, in denen die Gasentladung sowohl als Lichtquelle als auch zur Anregung von — an der Glaswandung angebrachten — Leuchtstoffen zum Phosphoreszenz- bzw. Fluoreszenzleuchten durch Strahlung sowie durch Elektronen- und Ionenstoß ausgenutzt wird. Durch geeignete Leuchtstoffmischung sowie geeignete Wahl des Füllgases läßt sich eine dem Tageslicht fast entsprechende spektrale Verteilung des abgestrahlten Lichtes erreichen (vgl. Abschn. 2.1.1.1. und Bd. II, Abschn. 1.2.3.).

## 2.3. Elektronenoptik

Unter der Bezeichnung „Elektronenoptik" versteht man die Anwendung optischer Gesetzmäßigkeiten auf die Bahnen freier Elektronen in elektrischen und magnetischen Feldern. Mit Optik im eigentlichen Sinne hat die Elektronenoptik nichts zu tun. Sie verdankt ihre Existenz gewissen Analogien, die zwischen den Bahnen von Elektronen in elektrischen oder magnetischen Feldern und den Bahnen von Lichtstrahlen in Stoffen verschiedener Brechungsverhältnisse bestehen. Danach darf man sich das Entstehen einer Bahnkrümmung im elektronenoptischen Falle dadurch zustande gekommen vorstellen, daß das Vakuum, in welchem sich die freien Elektronen bewegen, unter der Einwirkung der Felder ein örtlich verschiedenes Brechungsverhältnis gegenüber dem Elektronenstrahldurchgang annimmt. In dieser Analogie zeichnet sich auch schon ganz deutlich der Unterschied zwischen den beiden, physikalisch wesensfremder Optiken ab: Im Falle der Lichtoptik existiert ein an Materie gebundenes, meist *sprunghaft* veränderliches Brechungsvermögen (z. B. beim Übergang des Strahles von Luft in Glaslinsen), durch dessen *gestalt*bedingte Ortsabhängigkeit eine *bestimmte* Strahlkrümmung bzw. -knickung gegeben wird. Im Falle der Elektronenoptik wird in der Regel ein *kontinuierlich* veränderliches „Brechungsvermögen" durch materiefreie, *äußere* Felder *willkürlich* erzeugt, wodurch dem Strahl eine *beliebige* Krümmung gegeben werden kann. Im lichtoptischen Fall ist die Krümmung der brechenden Flächen unabhängig von deren Brechungsverhältnis, im elektronenoptischen jedoch steht sie in funktionalem Zusammenhang mit dem Brechungsverhältnis.

Obwohl die mathematische Analogie zwischen den mechanischen Gleichungen der Teilchenbahnen und denen der Strahloptik bereits im Jahre 1824 von *W. R. Hamilton* (111) allgemein beschrieben worden

126

ist, bedurfte es doch eines vollen Jahrhunderts (1925), bis man den praktischen Wert dieser Äquivalenz für die Physik des inzwischen (um 1890) entdeckten Elektrons erkannte.

Wie in der Lichtoptik werden wir auch in der Elektronenoptik zwischen einer „geometrischen" und einer „physikalischen" zu unterscheiden haben. Die erstere behandelt nur die geometrischen Beziehungen der Gestalt und Lage der Licht- bzw. Elektronenstrahlen, während letztere Wechselwirkungen mit der − den Strahlengang durchsetzenden bzw. begrenzenden − Materie einbezieht. Die „physikalische" Optik setzt daher eine eingehendere Vorstellung über das Wesen des Lichtes bzw. des Elektrons voraus, als dies für die „geometrische" Optik notwendig ist, welche mit dem Begriff des Strahles, sei es des Licht- oder Elektronenstrahles, auskommt. Die Analogien zwischen Licht- und Elektronenoptik werden daher immer seltener, je weiter wir in das Gebiet der jeweiligen „physikalischen" Optik vordringen.

Wir beschränken uns im folgenden auf die für die Praxis in erster Linie wichtige „geometrische Elektronenoptik". Dies bedeutet, daß wir mit der klassischen Vorstellung des Elektrons als kleinster elektrischer Ladungseinheit von kugelförmiger Gestalt arbeiten können, ohne näher auf die Vorstellungen von der Wellennatur des Elektrons einzugehen, die den Gegenstand der „Wellenmechanik" bilden.

In der praktischen Anwendung leisten die Gesetzmäßigkeiten der Elektronenoptik überall dort gute Dienste, wo Elektroden- oder Magnetspulen-Anordnungen Elektronenstrahlen durch Felder bündeln und ablenken. Hierher gehört bereits das einfache Plattenpaar im Braunschen Rohr. Hierzu zählen weiterhin alle die elektrischen und magnetischen Beeinflussungen des Elektronenstrahles, welche die Erzeugung eines möglichst punktförmigen Auftreffens auf einem Leuchtschirm (z. B. im Katodenstrahl-Oszillographen), die Erzeugung eines Bildes (z. B. auf dem Schirm einer Fernsehbildröhre), die gleichmäßige Abtastung einer Mosaikplatte (z. B. im Bildspeicherrohr), die Bewegung eines von einem Elektronenstrahlbündel vermittelten Bildes vor einer Lochblende (z. B. im Bildzerleger) oder die elektronenoptische Vergrößerung eines durchstrahlten Objektes (z. B. im Elektronenmikroskop) zum Ziele haben. Für alle diese Anwendungen leistet die optische Analogie für die anschauliche Vorstellung des Abbildungsvorganges wertvolle Dienste (112, 113) (vgl. Bd. II, Abschn. 3.1. bis 3.5.).

Wir erkennen, daß es im elektronenoptischen Falle darauf ankommt, jene Vorrichtungen zu berechnen und zu konstruieren, die in der Optik den Prismen und Linsen entsprechen. Dabei wird sich erweisen, daß dies in der Elektronenoptik bereits in einfachen Fällen größere mathematische Schwierigkeiten bereitet, weil wegen des funktionalen Zusammenhanges zwischen Feld und elektronischem Brechungsverhältnis nicht mit fest vorgegebenen Brechungsverhältnissen gerechnet werden kann.

Mathematisch formuliert sprechen wir von geometrischer Optik, solange wir die Krümmung der Wellenflächen vernachlässigen und sie durch das Feld ihrer Normalen (Strahlrichtung) beschreiben können. Das gilt stets in großer Entfernung (groß gegen die Strahlungswellenlänge) von der Strahlungsquelle und in engen Bereichen um die optische Achse der Strahlung (paraxiale Büschel).

### 2.3.1. Grundlagen der geometrischen Elektronenoptik

Das *Reflexionsgesetz*, welches aussagt, daß Einfalls- und Ausfallswinkel einander gleichen, gilt bekanntlich für Wellen- wie für Teilchenstrahlung und besitzt daher sowohl für Licht- wie für Elektronenstrahlen Gültigkeit.

Das *Brechungsgesetz* gilt für Strahlenübergänge zwischen Medien verschiedener Brechungsverhältnisse.

Um auf den Zusammenhang zwischen Feldgrößen und Brechungsverhältnis zu kommen, der, wie wir erkannten, für die Übertragung der Vorstellungen der Lichtoptik auf die elektronischen Vorgänge von grundlegender Bedeutung ist, gehen wir am zweckmäßigsten von einem

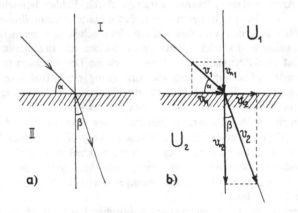

Abb. 45. Brechung an einer Grenzfläche
a) Lichtstrahl
b) Elektronenstrahl

leicht zu überblickenden Spezialfall aus. Bekanntlich wird in der Lichtoptik das Verhältnis der Brechungsverhältnisse $n_1$ und $n_2$ beim Übergang des Lichtes von einem optisch dünneren in ein optisch dichteres Medium durch das Verhältnis des Sinus des Einfallswinkels $\alpha$ zum Sinus des Brechungswinkels $\beta$ (*Snelliussches Brechungsgesetz*) gegeben (Abb. 45 a):

$$\frac{\sin\alpha}{\sin\beta} = \frac{n_2}{n_1} = n_{1,2}.$$  [166]

Dem entspricht im Falle der Elektronenoptik der Durchgang des Elektronenstrahles durch eine Grenzfläche, an der sich das elektrische Potential $U$ sprunghaft um $(U_2 - U_1)$ ändert. Dabei erleidet die Normalkomponente der Elektronengeschwindigkeit $v$ einen Sprung $(v_{n_2} - v_{n_1})$, während die Tangentialkomponente ungeändert bleibt $(v_{t_2} = v_{t_1})$. Wie aus Abb. 45 b hervorgeht, gilt dann die Beziehung:

$$\frac{\sin\alpha}{\sin\beta} = \frac{v_2}{v_1} = n_{1,2}.$$  [167]

Berücksichtigen wir, daß $\frac{m_\varepsilon}{2} v^2 = \varepsilon U$ im elektronischen Maß (Elektronenvolt) angesetzt werden darf, so erhalten wir für den gesuchten Zusammenhang zwischen Brechungsverhältnis und elektrischem Feld das elektronenoptische Brechungsgesetz:

$$\frac{\sin\alpha}{\sin\beta} = n_{1,2} = \sqrt{\frac{U_2}{U_1}}.$$  [168]

In der Optik bezieht man bekanntlich die Brechungsverhältnisse auf das Vakuum; in entsprechender Weise definiert man das elektronenoptische Brechungsverhältnis $n_{el}$ für *elektrische* Felder unter Bezug auf die Ausbreitungsgeschwindigkeit elektromagnetischer Felder durch die Gleichung:

$$n_{el} = \frac{v}{c} = C\sqrt{U}.$$  [169]

Die Konstante $C$ kann nur durch nähere Annahmen über die physikalische Natur des Elektrons erklärt werden, von denen wir jedoch absehen wollen. Praktisch ist dies ohne Belang, da wir in den vorkommenden Fällen nie mit dem durch [169] definierten „absoluten" Brechungsverhältnis für elektrische Felder, sondern stets mit dem durch [168] gegebenen „relativen" Verhältnis arbeiten werden.

Man entnimmt der Beziehung [168], daß die Flächen konstanten elektrischen Potentials (Äquipotentialflächen) auch Flächen konstanter

Brechungsverhältnisse sind. Jede Äquipotentialfläche stellt demnach eine brechende Fläche im Sinne der Lichtoptik dar. Da es eine kontinuierlich veränderliche Folge von Äquipotentialflächen gibt, wenn $U$ eine stetige Funktion des Ortes ist, ändert sich dann auch das Brechungsverhältnis kontinuierlich. Gegenüber der Lichtoptik ergibt sich in der Elektronenoptik der grundsätzliche Unterschied, daß der Wert des elektronenoptischen Brechungsverhältnisses durch die Gestalt (Krümmung) der brechenden Fläche (Äquipotentialfläche) festgelegt ist, während man in der Lichtoptik der brechenden Fläche von festen Körpern, die in der Regel als Linsen- und Prismenmaterial verwendet werden, durch geeignete Bearbeitung eine von deren Brechungsverhältnissen unabhängige Krümmung geben kann (vgl. Abschn. 2.3.).

In entsprechender Weise läßt sich auch ein elektronenoptisches Brechungsverhältnis im magnetischen Felde ableiten. Wir benötigen dazu einen Ausdruck für die Geschwindigkeit $v_m$, welche das Elektron unter dem Einfluß des Magnetfeldes annimmt. Man gewinnt diesen durch Differentiation des Ausdruckes für die Energie nach der Geschwindigkeit und Division durch die Masse. Nach der *Maxwell*schen Theorie besitzt ein Elektron, das in ein Magnetfeld mit dem Vektorpotential $\vec{A}$ (absoluter Betrag: $A$) und der Geschwindigkeit $v_0$ unter dem Winkel $\alpha$ gegen die Kraftlinienrichtung eintritt die Energie $E_m$:

$$E_m = {}^1\!/_2\, m_\varepsilon v_0^2 - \varepsilon\, v_0\, A \cos\alpha\,. \tag{170}$$

Daraus folgt für $v_m$:

$$v_m = v_0 - \frac{\varepsilon}{m_\varepsilon} A \cos\alpha \tag{171}$$

und für das elektronenoptische Brechungsverhältnis $n_m$ des magnetischen Feldes entsprechend [169]:

$$n_m = \frac{v_m}{c} = \frac{v_0}{c} - \frac{\varepsilon}{m_\varepsilon c} A \cos\alpha\,. \tag{172}$$

Das Brechungsverhältnis $n = n_{el} + n_m$ kombinierter elektrostatischer und magnetischer Felder ergibt sich mithin zu:

$$n = \frac{v}{c} - \frac{\varepsilon}{m_\varepsilon c} A \cos\alpha = \frac{1}{c}\left( C\sqrt{U} - \frac{\varepsilon}{m_\varepsilon} A \cos\alpha \right), \tag{173}$$

wobei unter Berücksichtigung von [169] $v = v_{el} + v_m$ gesetzt ist und $U = U_0 + \bar{U}$ die Bewegungsenergie des Elektrons im elektronischen Maß (s. oben) bedeutet mit $U_0$, seiner Energie beim Eintritt in das elektrische bzw. magnetische Feld, und $\bar{U}$, der Energie, die es im Felde aufnimmt.

Der allgemeinen Beziehung entnehmen wir, daß das elektronenoptische Brechungsverhältnis für das elektrische Feld eine kontinuierliche Funktion des Ortes ist, mithin dem Brechungsverhältnis eines isotropen, inhomogenen Mediums (z. B. eines Gases verschiedener Dichte) in der Lichtoptik entspricht. Das elektronenoptische Brechungsverhältnis des magnetischen Feldes ist darüber hinaus noch eine Funktion der Richtung. Der vom Magnetfeld erfüllte Raum verhält sich demnach gegenüber einem Elektronendurchgang wie ein optisch anisotropes, inhomogenes Medium gegenüber dem Licht (z. B. ein Kristall mit Dichteschwankungen).

Wie bereits erwähnt, sind diese Analogien erstmalig nicht an Spezialfällen erkannt worden, sondern sie wurden von *Hamilton* an der formalen Übereinstimmung zweier allgemeiner Prinzipien entdeckt, welche die geometrische Optik bzw. die Punktmechanik beherrschen: am *Fermat*schen Prinzip der kürzesten Lichtzeit und am *Maupertuis*schen Prinzip der kleinsten Wirkung (114).

Das erste sagt aus, daß das in beliebigen Medien zwischen zwei Punkten übergehende Licht seinen Weg $s$ so wählt, daß es im Vergleich zu allen anderen Übergangsmöglichkeiten die kürzeste Zeit $t$ dazu benötigt. Man pflegt derartige Prinzipe mit den Hilfsmitteln der Variationsrechnung zu formulieren und nennt sie Extremalprinzipe, in unseren beiden Fällen spezieller: Minimalprinzipe. Danach lautet das *Fermat*sche Prinzip:

oder:
$$D = \int_1^2 dt = \frac{1}{c} \int_1^2 n\,ds \equiv \text{Min} \qquad [174a]$$

$$\delta D = \delta \int_1^2 n\,ds = 0. \qquad [174b]$$

Für das Produkt $n\,ds$ hat sich die Bezeichnung „*optische Weglänge*" eingebürgert; $D$ ist die Zeitdauer für die Zurücklegung des Weges zwischen den Punkten 1,2 durch das Licht. Als Funktion seiner Grenzen aufgefaßt heißt das Integral über die optische Weglänge auch „*Eikonal*".

Das zweite Prinzip sagt aus, daß bei mechanischen Vorgängen das Zeitintegral der Bewegungsenergie $E_{kin}$ eines Teilchens ein Minimum wird. Für das *Maupertuis*sche Prinzip dürfen wir mithin schreiben:

oder:
$$W = \int_1^2 E_{kin}\,dt = {}^1\!/_2 \int_1^2 J\,ds \equiv \text{Min} \qquad [175a]$$

$$\delta W = \delta \int_1^2 J\,ds = 0, \qquad [175b]$$

wobei $J$ den Impuls und $W$ die Wirkung bedeuten. Wir entnehmen der formalen Übereinstimmung zwischen [174b] und [175b] die Beziehung:

$$n \sim J. \qquad [176]$$

Wenden wir diese Gleichung auf ein Elektron als bewegtes Teilchen an, so haben wir seinen Impuls im elektrischen und magnetischen Feld zu berechnen. Aufgrund unserer oben angestellten Überlegungen [170] ergibt sich:

$$J = (m_\varepsilon v - \varepsilon A \cos \alpha) \qquad [177]$$

und daraus in Übereinstimmung mit [173]: $n = \dfrac{1}{c}(C\sqrt{U} - \dfrac{\varepsilon}{m_\varepsilon} A \cos \alpha)$.

Berücksichtigen wir, daß ganz allgemein in der Strahloptik das Brechungsverhältnis n eine Funktion der Lagekoordination ($x_i$) und der Richtung $\left( x_i' = \dfrac{\mathrm{d}x_i}{\mathrm{d}s} \right)$ ist, so können wir [174a] in der Gestalt schreiben:

$$\delta D = \int_1^2 \sum_i \left( \frac{\partial n}{\partial x_i} \delta x_i + \frac{\partial n}{\partial x_i'} \delta x_i' \right) \mathrm{d}s$$

$$= \sum_i \left( \int_1^2 \frac{\partial n}{\partial x_i} \delta x_i \, \mathrm{d}s + \int_1^2 \frac{\partial n}{\partial x_i'} \delta x_i' \, \mathrm{d}s \right) = 0. \qquad [178a]$$

Die partielle Integration des zweiten Integrals liefert unter Vertauschung der Reihenfolge von Variation und Differentiation bei $\delta x_i' = \delta \dfrac{\mathrm{d}x_i}{\mathrm{d}s} = \dfrac{\mathrm{d}}{\mathrm{d}s}(\delta x_i)$:

$$\int_1^2 \frac{\partial n}{\partial x_i'} \frac{\mathrm{d}}{\mathrm{d}s}(\delta x_i) \, \mathrm{d}s = \left[ \frac{\partial n}{\partial x_i'} \delta x_i \right]_1^2 - \int_1^2 \frac{\mathrm{d}}{\mathrm{d}s} \left( \frac{\partial n}{\partial x_i'} \right) \delta x_i \, \mathrm{d}s. \qquad [178b]$$

Da gemäß der Voraussetzung die Variationen $\delta x_i$ an den fest gegebenen Endpunkten 1 und 2 der Bahn verschwinden, gilt für jede Koordinate (jedes i):

$$\left[ \frac{\partial n}{\partial x_i'} \delta x_i \right]_1^2 = 0. \qquad [178c]$$

Unter Berücksichtigung von [178b] und [178c] geht [178a] über in:

$$\delta D = -\int_1^2 \left\{ \sum_i \left[ \frac{\mathrm{d}}{\mathrm{d}s} \left( \frac{\partial n}{\partial x_i'} \right) - \frac{\partial n}{\partial x_i} \right] \delta x_i \right\} \mathrm{d}s = 0. \qquad [178d]$$

132

Diese Beziehung wird erfüllt, wenn für jede Koordinate (jedes i) die „*Euler*sche Differentialgleichung" gilt:

$$\frac{d}{ds}\left(\frac{\partial n}{\partial x_i'}\right) - \frac{\partial n}{\partial x_i} = 0.$$ [179]

Das *Fermat*sche Prinzip [174b] erlaubt, die Differentialgleichungen der Elektronenoptik als „*Euler*sche Differentialgleichungen" des Variationsproblems anzugeben.

Diese Gleichungen [179] bilden die Grundlage jeder Strahlenoptik. In Verbindung mit [173] liefern sie für die Elektronenoptik die Gleichungen zur Berechnung des räumlichen Verlaufes des Potentials bzw. des Vektorpotentials und damit auch der Elektronenbahnen.

Eine weitere allgemeine Gesetzmäßigkeit über die Krümmung von Strahlen in Medien mit veränderlichen Brechungsverhältnissen läßt sich ebenfalls aus dem *Fermat*schen Prinzip [174b] ableiten. Da nach diesem Prinzip die optische Weglänge des Strahles ein Minimum ist, müssen die unmittelbar benachbarten, infinitesimalen optischen Weglängen eines gekrümmten Strahles, der ein Medium durchläuft, welches beispielsweise ein senkrecht zum Strahl abnehmendes Brechungsverhältnis aufweist, einander gleich sein. Wenn $n$ das Brechungsverhältnis, $R$ den Krümmungsradius des Strahles und $\alpha$ den Winkel bedeuten, unter welchem das Strahlelement vom Krümmungsmittelpunkt aus erscheint, so gilt:

$$(n - dn)\,ds = n\,ds\,; \quad (n - dn)\,(R + dR)\,d\alpha = nR\,d\alpha, \quad [180]$$

woraus unter Vernachlässigung von Größen zweier Ordnung für die Strahlkrümmung $K$ folgt:

$$K = \frac{1}{R} = \frac{1}{n}\frac{dn}{dR} = \frac{d\ln n}{dR}.$$ [181]

Dabei ist zu beachten, daß die Differentiation in Richtung der Normalen der Bahn vorzunehmen ist, sich also auf das sogenannte „natürliche" Koordinatensystem der Bahnkurve bezieht, das bekanntlich durch die Kurventangente, die Kurvennormale und die Binormale der Kurve aufgespannt wird. Seine Koordinatenachsen liegen nicht im Raume fest, sondern ändern von Punkt zu Punkt ihre Richtung. Dies ist bei der Übertragung der Gl. [181] auf gewöhnliche (im Raume feste) z.B. rechtwinklige Koordinaten zu beachten. Mit dieser Beziehung können wir in sinngemäßer Übertragung auf das elektronenoptische Gebiet unter Einsetzen des entsprechenden Wertes für das Brechungsverhältnis (vgl. Gl. [173]) die Krümmung des Elektronenstrahles im elektrischen und magnetischen Feld berechnen:

$$K = \frac{d}{dR} \left[ \ln \left( C \sqrt{U} - \frac{\varepsilon}{m_\varepsilon} A \cos \alpha \right) \right].$$ [182a]

Für die Krümmung im rein elektrischen Felde ergibt sich daraus:

$$K = \frac{1}{\sqrt{U}} \frac{d\sqrt{U}}{dR} = \frac{1}{2U} \frac{dU}{dR}.$$ [182b]

Dies steht in Übereinstimmung mit dem Ergebnis einer Berechnung, die auf der korpuskularen Vorstellung vom Elektron aufbaut: In jedem Punkte der Bahn muß der radiale Trägheitswiderstand $K_{el} m_\varepsilon v_\varepsilon^2$ (Zentrifugalkraft) des Elektrons der wirkenden Kraft $- \varepsilon dU/dR$ das Gleichgewicht halten, wobei $\varepsilon U$ die potentielle Energie des Elektrons bedeutet. Daraus folgt:

$$K_{el} = \frac{\varepsilon}{m_\varepsilon v_\varepsilon^2} \frac{dU}{dR} = \frac{1}{2U} \frac{dU}{dR}$$ [182c]

in Übereinstimmung mit [182b].

Der magnetische Fall für sich behandelt liefert:

$$K_m = \frac{\varepsilon}{m_\varepsilon v_\varepsilon - \varepsilon A \cos \alpha} \cdot \frac{d(A \cos \alpha)}{dR}.$$ [182d]

Für den Spezialfall eines homogenen Magnetfeldes, in das der Elektronenstrahl senkrecht zu den magnetischen Kraftlinien eintritt ($\alpha = \frac{1}{2}\pi$), fällt das Vektorpotential $A$ in die Strahlrichtung. Das natürliche Koordinatensystem, auf das die Gleichung [182d] bezogen ist, soll im folgenden mit $x$, $y$, $z$ bezeichnet werden, und zwar $x$ in Richtung der Bahntangente, $y$ in der der Kurvennormale (bisher mit $R$ bezeichnet) und $z$ in Richtung der Binormalen, die entsprechenden Einheitsvektoren mit $\vec{i}, \vec{j}, \vec{k}$. Dann gilt: $\vec{A} = H y \vec{i}$ mit $A = H y$. Für die magnetische Feldstärke $\vec{H}$ erhält man $\vec{H} = \text{rot } \vec{A} = \text{rot } H y \vec{i} = \frac{\partial(Hy)}{\partial y} \vec{k} = -H\vec{k}$, d. h.

ein homogenes Magnetfeld in der $z$-Richtung, wie vorausgesagt wurde. Für diesen Spezialfall liefert [182d], wenn man bedenkt, daß im natürlichen Koordinatensystem die Bahnkrümmung im Koordinatenanfangspunkt ($y = 0$) gesucht wird:

$$K_m = \left[ \frac{\varepsilon H}{m_\varepsilon v_\varepsilon - \varepsilon H y} \right]_{y=0} = \frac{\varepsilon H}{m_\varepsilon v_\varepsilon}.$$ [183]

Auch hier ergibt der Vergleich mit der korpuskularen Auffassung: „Zentrifugalkraft $K_m m_\varepsilon v_\varepsilon^2$ hält der vom Magnetfeld ausgeübten *Lorentz*-

*Kraft* $\varepsilon v_{\varepsilon} H$ in jedem Bahnpunkt das Gleichgewicht" Übereinstimmung mit dem Ergebnis [183].

Die *Berechnung der Bahnkurven der Elektronen* wollen wir für das elektrische und magnetische Feld getrennt durchführen und uns zuerst dem elektrischen Fall zuwenden.

Im elektrischen Feld ist der Verlauf der Bahnen durch die Potentialverteilung bestimmt, für die im ladungsfreien Raume ganz allgemein die *Laplace*sche Gleichung gilt:

$$\Delta U = \mathrm{div}\,\mathrm{grad}\,U = \frac{\partial^2 U}{\partial x^2} + \frac{\partial^2 U}{\partial y^2} + \frac{\partial^2 U}{\partial z^2} = 0, \qquad [184]$$

welche aussagt, daß im elektrischen Felde mit der Feldstärke $F = \mathrm{grad}\,U$ nirgends Quellen oder Senken elektrischer Kraftlinien sind, so daß durch jeden beliebigen Raumteil gleichviel Kraftlinien austreten wie eintreten.

Praktisch am häufigsten werden elektrische Felder zwischen zylindrischen Elektroden verwendet (z. B. im Strahlerzeuger von Katodenstrahlröhren). Dann weist die Potentialverteilung Rotationssymmetrie auf; d. h. man kann sich die Potentialflächen durch Rotation einer Potentialkurve in einer durch die Symmetrieachse gehenden Ebene um diese als Rotationsachse erzeugt denken. Man führt daher zweckmäßigerweise Zylinderkoordinaten ein: $x$ in Richtung der Symmetrieachse (Strahlrichtung), $r$ senkrecht dazu in einer beliebigen, durch die Achse gehenden Ebene. Auf diese Zylinderkoordinaten transformiert nimmt die *Laplace*sche Gleichung [184] die Gestalt an:

$$\Delta U = \frac{\partial^2 U}{\partial r^2} + \frac{1}{r}\,\frac{\partial U}{\partial r} + \frac{\partial^2 U}{\partial x^2}, \qquad [185]$$

aus der $U(r,x)$ nur bei genauer, durch die Elektrodenanordnung vermittelten Kenntnis der Grenzbedingungen berechnet werden kann. Praktisch kommt man mit einer experimentellen Bestimmung der Potentialverteilung an einem Modell (z. B. nach dem Wassertrog-Verfahren) meist schneller zum Ziel. Die Gleichung [185] vermittelt uns jedoch die Kenntnis einer praktisch sehr wertvollen Eigenschaft des Potentials in rotationssymmetrischen Feldern, nämlich die Berechenbarkeit seiner räumlichen Verteilung, wenn die Potentialverteilung $U(0,x) = U_0(x)$ längs der Achse bekannt ist. Um dies zu zeigen, machen wir von der Möglichkeit Gebrauch, $U(r,x)$ aufgrund der Rotationssymmetrie in eine Reihe nach geraden Potenzen von $r$ zu entwickeln:

$$U(r,x) = U_0(x) + r^2 U_2(x) + r^4 U_4(x) + \cdots + r^{2n} U_{2n}(x) + \cdots$$
$$[186]$$

Durch Einsetzen dieser Reihenentwicklung in [185] und Nullsetzen der Koeffizienten gleicher Potenzen von $r$ ergibt sich:

$$U(r,x) = U_0(x) - \frac{r^2}{2^2} U_0''(x) + \frac{r^4}{2^2 \cdot 4^2} U_0^{(4)}(x) + \cdots$$

$$+ \frac{(-1)^{2n} r^{2n}}{2^2 \cdot 4^2 \cdots (2n)^2} U_0^{(2n)}(x) + \cdots, \qquad [187]$$

darin bedeuten $U_0(x)$; $U_0''(x) \ldots U_0^{(2n)}(x)$ die Potentialverteilung sowie deren gerade Ableitungen längs der Symmetrieachse. Sind diese Größen (z. B. auf experimentellem Wege) ermittelt, so läßt sich $U(r,x)$ mit Hilfe der Reihe [187] bestimmen. Ganz besonders einfach wird dies, wenn man sich auf achsennahe Strahlen (paraxiale Büschel) beschränken darf. Dann kann man die Glieder höherer als zweiter Ordnung vernachlässigen und erhält:

$$U(r,x) = U_0(x) - \frac{r^2}{2^2} U_0''(x). \qquad [188]$$

Wir werden von dieser Beziehung im weiteren Verlauf unserer Betrachtungen mit Vorteil Gebrauch machen können.

Den Zusammenhang zwischen der Potentialverteilung und den Bahnelementen der Elektronenstrahlen liefern uns die allgemeinen Grundgleichungen [179] der Elektronenoptik, die wir für den betrachteten Spezialfall des rotationssymmetrischen, elektrischen Feldes ansetzen wollen. Wir haben dabei zu beachten, daß nach [169] das Brechungsverhältnis $n_{el}$ proportional $\sqrt{U}$ ist und daß als Veränderliche die Koordinaten $r$ und $x$ auftreten. Dann ergibt sich:

$$\frac{d}{ds}\left(\frac{\partial \sqrt{U}}{\partial r'}\right) - \frac{\partial \sqrt{U}}{\partial r} = 0$$

$$\frac{d}{ds}\left(\frac{\partial \sqrt{U}}{\partial x'}\right) - \frac{\partial \sqrt{U}}{\partial x} = 0, \qquad [189]$$

wobei $r' = \dfrac{dr}{ds}$ und $x' = \dfrac{dx}{ds}$ ist, d. h. die Richtungskosinus der Bahntangente bedeuten und zwischen den Differentialen der Koordinaten sowie dem der Bogenlänge der Bahnkurve die Beziehung besteht:

$$ds^2 = dr^2 + dx^2. \qquad [190]$$

Weiterhin ist zu beachten, daß wegen:

$$\left(\frac{dr}{ds}\right)^2 + \left(\frac{dx}{ds}\right)^2 = r'^2 + x'^2 = 1 \qquad [191]$$

gilt:

$$U = U(r,x) \sqrt{r'^2 + x'^2}. \qquad [192]$$

Somit läßt sich $\dfrac{\partial \sqrt{U}}{\partial r'}$ in Gl. [189] umformen in:

$$\frac{\partial \sqrt{U}}{\partial r'} = \frac{\partial \sqrt{U}}{\partial U} \frac{\partial U}{\partial r'} = \frac{1}{2\sqrt{U}} \cdot U(r,x) \frac{2r'}{2\sqrt{r'^2 + x'^2}}$$

$$= \sqrt{U(r,x)} \cdot r' = \sqrt{U}\,\frac{dr}{ds}.$$

[193]

Es ergibt sich dann (wegen der bereits vorausgesetzten Rotationssymmetrie) unter Beachtung von [193] und der ersten Gleichung von [189]:

$$\frac{d}{ds}\left(\frac{\partial \sqrt{U}}{\partial r'}\right) = \frac{d}{ds}\left(\sqrt{U}\,\frac{dr}{ds}\right) = \frac{\partial \sqrt{U}}{\partial r}$$

$$= \frac{\partial \sqrt{U}}{\partial U} \frac{\partial U}{\partial r} = \frac{1}{2\sqrt{U}} \frac{\partial U}{\partial r}.$$

[194]

Da die geometrische Elektronenoptik um so besser gilt, je schmälere Strahlenbüschel wir in Betracht ziehen, führen wir nunmehr die Bedingungen für achsennahe Strahlen − paraxiale Büschel − ein.

Aus Abb. 46 folgt dafür: $ds \approx dx$. [195]

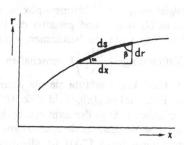

Abb. 46. Bahnelement des Elektronenstrahles

Insbesondere gilt dann auch:

$$\frac{dr}{ds} \approx \frac{dr}{dx} = \operatorname{tg}\alpha \approx \alpha,$$

[196]

so daß wir für [194] schreiben dürfen:

$$\frac{d}{dx}\left(\sqrt{U}\,\frac{dr}{dx}\right) = \frac{1}{2\sqrt{U}} \frac{\partial U}{\partial r}.$$

[197]

137

Hieraus folgen die Beziehungen:

$$\sqrt{U}\,\frac{\mathrm{d}}{\mathrm{d}x}\left(\sqrt{U}\,\frac{\mathrm{d}r}{\mathrm{d}x}\right) = \frac{1}{2}\,\frac{\partial U}{\partial r}$$

$$\sqrt{U}\left[\frac{\mathrm{d}}{\mathrm{d}x}(\sqrt{U})\cdot\frac{\mathrm{d}r}{\mathrm{d}x} + \sqrt{U}\cdot\frac{\mathrm{d}^2 r}{\mathrm{d}x^2}\right] = \frac{1}{2}\,\frac{\partial U}{\partial r} \qquad [198]$$

$$\sqrt{U}\left[\frac{\mathrm{d}}{\mathrm{d}U}(\sqrt{U})\cdot\left\{\frac{\partial U}{\partial x} + \frac{\partial U}{\partial r}\,\frac{\mathrm{d}r}{\mathrm{d}x}\right\}\cdot\frac{\mathrm{d}r}{\mathrm{d}x} + \sqrt{U}\,\frac{\mathrm{d}^2 r}{\mathrm{d}x^2}\right] = \frac{1}{2}\,\frac{\partial U}{\partial r}$$

$$\frac{1}{2}\,\frac{\partial U}{\partial x}\,\frac{\mathrm{d}r}{\mathrm{d}x} + U\,\frac{\mathrm{d}^2 r}{\mathrm{d}x^2} = \frac{1}{2}\,\frac{\partial U}{\partial r}\left[1 - \left(\frac{\mathrm{d}r}{\mathrm{d}x}\right)^2\right]$$

und schließlich:

$$U\,\frac{\mathrm{d}^2 r}{\mathrm{d}x^2} + \frac{1}{2}\,\frac{\partial U}{\partial x}\,\frac{\mathrm{d}r}{\mathrm{d}x} - \frac{1}{2}\,\frac{\partial U}{\partial r} = 0, \qquad [199]$$

da wegen der angenommenen Paraxialität $\left(\dfrac{\mathrm{d}r}{\mathrm{d}x}\right)^2 \approx 0$ ist.

Drückt man $U(r,x)$ durch die beiden ersten Glieder der Reihenentwicklung [188] aus, so erhält man:

$$U_0(x)\,\frac{\mathrm{d}^2 r}{\mathrm{d}x^2} + \frac{1}{2}\,\frac{\mathrm{d}U_0(x)}{\mathrm{d}x}\,\frac{\mathrm{d}r}{\mathrm{d}x} + \frac{1}{4}\,\frac{\mathrm{d}^2 U_0(x)}{\mathrm{d}x^2}\,r = 0\,. \qquad [200]$$

Dies ist die *Grundgleichung* der Elektronenoptik für *paraxiale* Büschel. Sie ist symmetrisch in $U_0$ und $r$ und gestattet die Potentialverteilung längs der Symmetrieachse $U_0(x)$ zu bestimmen, wenn Orts- ($r$), Richtungs-$\left(\dfrac{\mathrm{d}r}{\mathrm{d}x}\right)$ und Krümmungs-$\left(\dfrac{\mathrm{d}^2 r}{\mathrm{d}x^2}\right)$ Eigenschaften der Elektronenbahn bekannt sind. Umgekehrt erlaubt sie die Berechnung der Bahn $r(x)$ bei bekannten Potential-($U_0(x)$), Feldstärke-($U_0'(x)$) und Raumladungs-($U_0''(x)$)Verhältnissen längs der Symmetrieachse.

Praktisch von Interesse ist insbesondere der zweite Fall. Eine exakte Lösung der Differentialgleichung [200] ist allerdings nur für einige wenige Funktionen $U_0(x)$ möglich; z. B. wenn $U_0(x)$ den Charakter einer Exponentialfunktion besitzt. Wir wählen als Beispiel die Potentialverteilung:

$$U_0(x) = U_0(0)\,e^{2bx}, \qquad [201]$$

weil praktisch am häufigsten Felder mit Potentialanstieg zur Beschleunigung von Elektronen vorkommen. Im übrigen läßt sich die Potentialverteilung [201] als Potentialanstieg längs einer stromdurchflossenen Elektrode mit exponentiell wachsendem Widerstand verwirklichen.

Außerdem kann man jeden beliebigen Potentialanstieg durch [201] stück-
weise annähern, und darin liegt die praktische Bedeutung der im folgenden durchgeführten Lösung. Mit der Potentialfunktion [201] ergibt
sich aus [200] als Gleichung der Bahnkurven eine Differentialgleichung
zweiter Ordnung mit konstanten Koeffizienten:

$$\frac{d^2r}{dx^2} + b\,\frac{dr}{dx} + b^2 r = 0, \qquad\qquad [202]$$

deren Lösung in bekannter Weise durch das Auffinden zweier partiku-
lärer Integrale mittels des Ansatzes $r = e^{\mu x}$ über die „charakteristische
Gleichung":

$$\mu^2 + b\mu + b^2 = 0 \qquad\qquad [203a]$$

zu der Lösung:

$$r(x) = e^{-\frac{b}{2}x}(C_1 e^{i\frac{b}{2}\sqrt{3}\,x} + C_2 e^{-i\frac{b}{2}\sqrt{3}\,x}) \qquad\qquad [203b]$$

oder in anderer Schreibweise:

$$r(x) = D\,e^{-\frac{b}{2}x}\cos\left(\frac{b}{2}\sqrt{3}\,x + \gamma\right) \qquad\qquad [203c]$$

führt, wobei $C_1$ und $C_2$ bzw. D und $\gamma$ Integrationskonstanten bedeuten.
Die einzelnen Elektronen schwingen mithin im exponentiell zunehmen-
den Potentialfeld mit abklingender Amplitude um die Achse, d.h. der
Elektronenstrahl wird *gebündelt.* Das von den Elektronen gebildete,
paraxiale Büschel wird durch eine Rotationsfläche begrenzt, deren
Erzeugende die Form hat (Abb. 47):

$$r(x) = D\,e^{-\frac{b}{2}x}. \qquad\qquad [203d]$$

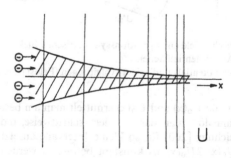

Abb. 47. Elektronenstrahl-Bündelung durch ein anwachsendes Potentialfeld

In der Lichtoptik beobachtet man den entsprechenden Vorgang der Strahlenbündelung beim Durchgang durch ein Medium mit exponentiell wachsendem Brechungsexponenten, z. B. einer Lösung exponentiell zunehmender Dichte.

Als weiteres, wichtiges Beispiel soll die Bahnbestimmung für jene zylindrische Elektronenkonfiguration durchgeführt werden, die praktisch am häufigsten vorkommt (Abb. 48a). Die Potentialverteilung längs der Achse läßt sich in diesem Falle nicht in einfacher Weise in analytisch geschlossener Form angeben, und wir betrachten sie in der Gestalt von Abb. 48 b als graphisch gegeben.

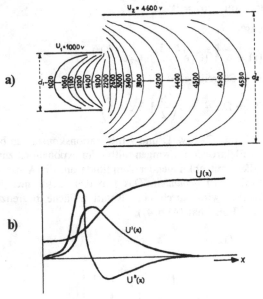

Abb. 48. Elektrisches Feld einer rotationssymmetrischen Elektrodenanordnung
a) Gestalt der Äquipotentialflächen
b) Verteilung des Potentials und seiner Ableitungen (Feldstärke, Raumladung)

Den Verlauf von $U_0'(x)$ und $U_0''(x)$ ermittelt man am besten graphisch aus $U_0(x)$. Dann löst man das Problem schrittweise, indem man die Differentialgleichung [200] für so kleine Intervalle ansetzt, daß $U_0''(x)/4U_0(x)$ und $U_0'(x)/2U_0(x)$ als konstant betrachtet werden dürfen. Für jedes Intervall gilt dann eine Differentialgleichung vom Typ:

140

$$\frac{d^2 r}{dx^2} + 2A\frac{dr}{dx} - B^2 r = 0,$$

[204]

wenn $\quad A = U_0'(x)/2U_0(x) \quad$ und $\quad B^2 = U_0''(x)/4U_0(x)$

den im jeweiligen betrachteten Intervall konstanten Wert der Koeffizienten bedeuten. Die allgemeine Lösung lautet:

$$r(x) = C_1 e^{(A+\sqrt{A^2+B^2})x} + C_2 e^{(A-\sqrt{A^2+B^2})x}.$$

[205a]

Die Integrationskonstanten $C_1$ und $C_2$ ergeben sich aus den bekannten Werten von $r_a$ und $\left(\dfrac{dr}{dx}\right)_a$ am Anfang des Intervalls. Man erhält:

$$C_1 = \frac{\left(\dfrac{dr}{dx}\right)_a - r_a(A - \sqrt{A^2 + B^2})}{2\sqrt{A^2 + B^2}}$$

[205b]

$$C_2 = -\frac{\left(\dfrac{dr}{dx}\right)_a - r_a(A + \sqrt{A^2 + B^2})}{2\sqrt{A^2 + B^2}}.$$

Damit liefert [203b] die Werte von $r(x)$ im jeweils betrachteten Intervall. Der Endwert des n-ten Intervalls wird als Anfangswert der Berechnung von $C_1$ und $C_2$ für das (n + 1)-te Intervall zugrunde gelegt. Auf diese Weise kann man die Bahnbestimmung aus der experimentell gegebenen Potentialverteilung längs der Achse Schritt für Schritt je nach Wahl der Intervallbreite mit jeder gewünschten Genauigkeit vornehmen.

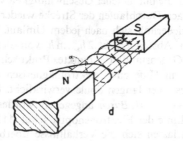

Abb. 49. Ablenkung eines Elektronenstrahls beim Eintritt in ein homogenes Magnetfeld unter dem Winkel α gegen die Richtung der Feldlinien

Wir wenden uns nunmehr der Berechnung der Elektronenbahnen im Magnetfeld zu. Wie wir der Abb. 49 (vgl. Abschn. 2.3.1.) entnehmen können, bewegen sich Elektronen, die unter einem Winkel $\alpha$ gegen die Kraftlinien in ein homogenes Magnetfeld $H$ eintreten, auf Schraubenlinien, d. h. sie führen neben einer Kreisbewegung im Magnetfeld mit der Geschwindigkeit $v\sin\alpha$ eine Translationsbewegung parallel zum Feld mit der Geschwindigkeit $v\cos\alpha$ aus. Aufgrund unserer oben angestellten Betrachtungen (Gl. [183]) ist der Radius der Kreisbewegung $R_m$:

$$R_m = v\sin\alpha \bigg/ \left(\frac{\varepsilon}{m_\varepsilon}\right) H. \qquad [206]$$

Die Umlaufzeit $T$ für ein Elektron beträgt dann:

$$T = \frac{2\pi R_m}{v\sin\alpha} = 2\pi \bigg/ \left(\frac{\varepsilon}{m_\varepsilon}\right) H, \qquad [207]$$

d. h. sie ist unabhängig von der Geschwindigkeit $v$ und dem Feld-Eintrittswinkel $\alpha$ des Elektrons sowie von der Krümmung $K_m = 1/R_m$ der Bahn. Fassen wir nunmehr ein achsennahes, von einer punktförmigen Elektronenquelle ausgehendes Büschel von Elektronenbahnen ins Auge, die alle unter einem kleinen Winkel ins Magnetfeld eintreten, so dürfen wir wegen $\cos\alpha \approx 1$ annehmen, daß sie sämtlich die gleiche Translationsgeschwindigkeit in Richtung der Kraftlinien besitzen, während sich ihre kleinen Geschwindigkeitskomponenten $v\sin\alpha$ senkrecht zum Feld voneinander unterscheiden. Dann folgt aus [207], daß sie nach einem Umlauf alle die gleiche Strecke $h$ zurückgelegt haben:

$$h = Tv = \frac{2\pi R_m}{\sin\alpha} = 2\pi v \bigg/ \left(\frac{\varepsilon}{m_\varepsilon}\right) H, \qquad [208]$$

d. h. die Elektronen, die mit gleicher Geschwindigkeit von einem Punkte ausgehen, treffen nach Durchlaufen der Strecke wieder in einem Punkte zusammen. Dies wiederholt sich nach jedem Umlauf. Man findet nach *Ph. Lenard* in den Abständen $h$, $2h$, ...$nh$ von der punktförmigen Elektronenquelle (Gegenstand) Bildpunkte. Praktisch wird dieses Abbildungsverfahren mit Hilfe eines elektromagnetisch erzeugten homogenen Magnetfeldes einer langen Spule verwirklicht. Es ist dies zuerst – im Jahre 1926 – von *H. Busch* angegeben worden, der damit die erste magnetische Linse der Elektronenoptik schuf (115).

Weniger einfach lassen sich die Verhältnisse überblicken, wenn der gesamte Strahlengang nicht in ein homogenes Magnetfeld eingebettet ist, sondern wenn das magnetische Feld nur innerhalb eines kurzen Bereiches auf die Elektronen einwirkt. Dann müssen wir zur Aufstellung der Bahngleichung wieder auf die allgemeinen Gleichungen [179] zurückgreifen und den Wert von $n$ für das rotationssymmetrische magnetische Feld mit der Beschränkung auf achsennahe (paraxiale) Büschel einführen. Dieser ist nach [173 u. 183] unter Berücksichtigung, daß anstelle von $y$ die Zylinderkoordinate $r$ tritt:

$$n \approx \sqrt{U_0} - \frac{\varepsilon}{m_\varepsilon} H .$$  [209]

Eine umfangreiche Umformung, auf die nicht näher eingegangen werden soll, liefert dann wie im elektrischen Fall eine der Gleichung [200] entsprechende Beziehung:

$$\frac{d^2 r}{dx^2} + \frac{\varepsilon}{8 m_\varepsilon U_0} H^2 r = 0 ,$$  [210]

welche einfach zu integrieren ist, wenn man sich auf sehr schmale magnetische Linsen beschränkt. Dann darf $r = r_0$ innerhalb des Feldbereiches als konstant angesehen werden, und man erhält:

$$\frac{1}{r_0} \frac{dr}{dx} = - \frac{\varepsilon}{8 m_\varepsilon U_0} \int H^2 dx + C_1$$  [211a]

und daraus:

$$r(x) = - \frac{\varepsilon r_0}{8 m_\varepsilon U_0} \int \left[ \int H^2 dx + C_1 \right] dx + C_2 ,$$  [211b]

wobei sich die Integration auf den kurzen Bereich der Ausdehnung des Magnetfeldes erstreckt. Darf man $H$ im Integrationsbereich als konstant ansehen, so ergibt sich in dieser Näherung eine parabolische Bahnkurve:

$$r(x) = - \frac{\varepsilon r_0}{8 m_\varepsilon U_0} \left( H^2 \frac{x^2}{2} + C_1 x \right) + C_2$$  [211c]

als Erzeugende der Fläche, welche das paraxiale Büschel einhüllt.

## 2.3.2. Geometrische Lichtoptik

Die Möglichkeit der *Elektronenstrahlbündelung* durch elektrische und magnetische Felder, die wir in unseren Betrachtungen kennenlernten, gestattet den Aufbau von elektrischen und magnetischen Anordnungen, welche in ihrer Wirksamkeit auf den Verlauf der Elektronenstrahlen völlig derjenigen von Systemen brechender Flächen (Linsen) in der Lichtoptik entsprechen. Wir erinnern uns, daß dort zur Beschreibung der Wirkungsweise eines Linsensystems, insbesondere zur Bestimmung der Lage von Gegenstand und Bild, die *Brennweite* eingeführt wurde. Es ist dies die Entfernung jenes Achsenpunktes (des *Brennpunktes*) von der brechenden Fläche, in welchem achsenparallel die brechende Fläche durchsetzende Strahlen vereinigt werden. Zwischen den beiderseitigen Brennweiten $f_1$ und $f_2$ eines optischen Systems und den Brechungsverhältnissen $n_1$ und $n_2$ besteht die Beziehung:

$$- \frac{f_1}{f_2} = \frac{n_1}{n_2}.$$ 
[212]

Für die Brennpunktabstände von Gegenstand $x_1$ und Bild $x_2$ gilt die bekannte *Newton*sche Gleichung:

$$x_1 x_2 = f_1 f_2.$$ 
[213]

Die Brennpunkte gehören zu jenem ausgezeichneten Punktsystem der *Kardinalpunkte*, durch die man die Eigenschaften eines optischen Systems vollständig beschreiben kann. Ihre Bedeutung wird aus Abb. 50

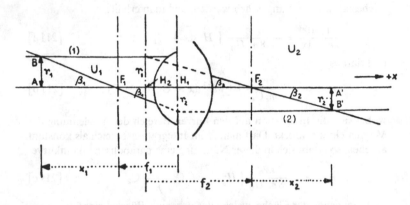

Abb. 50. Lage der Kardinalpunkte eines Linsensystems
$F_1$, $F_2$ Brennpunkte und Brennebenen $(- \cdot -\cdot)$
$H_1$, $H_2$ Hauptpunkte und Hauptebenen $(- \cdot -\cdot)$

verständlich. Sind experimentell oder aus der Bahngleichung die Lage (Abstand $r$ von der Achse) des parallel einfallenden Strahles und die Richtung $\left( \dfrac{\mathrm{d}r}{\mathrm{d}x} = \mathrm{tg}\beta \right)$ bekannt, unter welcher er die Achse bildseitig schneidet, so läßt sich aufgrund des *Fermat*schen Prinzips [174b], das die Gleichheit der optischen Weglängen fordert, die *Helmholtz*sche Gleichung (vgl. Abb. 50) in der Form angeben:

$$n_1 s_1 = n_2 s_2.$$ 
[214]

144

Mit
$$s_1 = r_1/\mathrm{tg}\beta_2 \text{ und } s_2 = r_2/\mathrm{tg}\beta \qquad [215]$$

nimmt [214] die Gestalt an:

$$n_1 r_1 \mathrm{tg}\beta_1 - n_2 r_2 \mathrm{tg}\beta_2 = 0. \qquad [216]$$

$s_1$ und $s_2$ sind aber gerade jene Abstände, die wir als Brennweiten $f_1$ und $f_2$ bezeichneten. Aus [214] folgt demnach [212]. Die *Newton*sche Gleichung [213] ergibt sich als einfache geometrische Beziehung zwischen der Lage der Strahlenschnittpunkte und der der Brennpunkte. Wir entnehmen Abb. 50 die Gleichungen:

$$x_1 = r_1/\mathrm{tg}\beta_1; \qquad x_2 = r_2/\mathrm{tg}\beta_2, \qquad [217]$$

woraus wegen [215] die Beziehung [212] unmittelbar folgt. Aus Abb. 50 ist weiterhin die Lage und Bedeutung eines weiteren Paares von Kardinalpunkten, der *Hauptpunkte* $H_1$ und $H_2$, ersichtlich.

In diesen beiden Hauptpunkten schneiden die *Hauptebenen* senkrecht die optische Achse. Parallel zu dieser auf die Hauptebenen treffende Strahlen werden in den Brennpunkten $F_1$ bzw. $F_2$ vereint. Umgekehrt verlassen von den Brennpunkten ausgehende Strahlen nach dem Auftreffen auf die Hauptebenen das optische System parallel zur optischen Achse.

### 2.3.3. Elektrische Linsen

Es gilt nunmehr, diese Betrachtungen auf die elektronenoptischen Vorgänge zu übertragen. Abb. 51 veranschaulicht die Äquivalenz der Wirkungsweisen. An Stelle der Linsen der Lichtoptik treten „elektrische und magnetische" Linsen für die Elektronenstrahlen. In Abb. 52 sind verschiedene, axialsymmetrische Formen elektrischer Linsen und die zugehörige Potentialverteilung wiedergegeben.

Aufgrund des *Fermat*schen Prinzips, das für beide Arten von Strahlenoptiken gültig ist, lassen sich die oben erörterten geometrisch-optischen Gesetzmäßigkeiten unmittelbar übertragen. Um dies zu ermöglichen, müssen wir aus den oben gewonnenen Gleichungen [200] und [210] für den Verlauf der Elektronenstrahlen im elektrischen bzw. magnetischen Feld Ausdrücke zur Berechnung der Brennweiten ableiten. Wir wollen dies im folgenden für beide Felder getrennt für den Fall *dünner* Linsen durchführen. Dann ist der Wirkungsbereich des Feldes so schmal, daß $r$ im Feldgebiet in erster Näherung ungeändert bleibt, d.h. $r = r_0$ als konstant betrachtet werden darf.

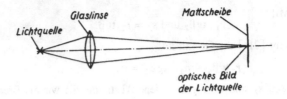

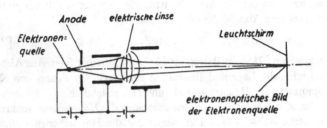

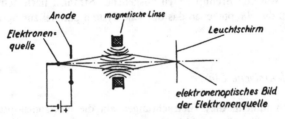

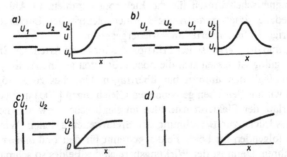

Abb. 51. Äquivalenz zwischen licht- und elektronenoptischen Linsensystemen

Abb. 52. a)−d) Axiale Potentialverteilung verschiedener
rotationssymmetrischer elektrischer Linsen

Die elektrische Grundgleichung der Elektronenoptik [200] geht dann über in:

$$\frac{d^2 r}{dx^2} + \frac{U_0'(x)}{2 U_0(x)} \frac{dr}{dx} + \frac{U_0''(x)}{4 U_0(x)} r_0 = 0 \qquad [218]$$

und nimmt mit der Substitution: $w = \dfrac{\sqrt{U_0(x)}}{r_0} \dfrac{dr}{dx}$ die Gestalt an:

$$\frac{dw}{dx} + \frac{U_0''(x)}{2\sqrt{U_0(x)}} = 0. \qquad [219a]$$

Die physikalische Bedeutung der substituierten Größe $w$ ist leicht einzusehen, wenn wir uns erinnern, daß nach [169] $\sqrt{U}$ dem Brechungsverhältnis $n$ proportional ist, $\dfrac{dr}{dx}$ den Tangens des Neigungswinkels $\beta$ der Elektronenbahn gegen die optische Achse darstellt, und $r$ den Abstand des Strahles von der Achse bedeutet. Nehmen wir darüber hinaus an, daß der Strahl parallel zur optischen Achse in die elektrische Linse eintritt, daß er also auch außerhalb der Linse den konstanten Abstand $r_0$ von der Achse besitzt, so folgt aus der *Helmholtz*schen Gleichung [214] in Verbindung mit [215]:

$$w = \frac{n}{f} \sim \frac{\sqrt{U}}{f}, \qquad [219b]$$

d. h. wir gewinnen durch Integration von [219a] über den schmalen Feldbereich, dessen Grenzen wir mit a und b bezeichnen wollen, den gesuchten Ausdruck für die Brennweite einer dünnen elektrischen Linse. Die Integration liefert:

$$w_b - w_a = - \int_a^b \frac{U_0''(x)}{4\sqrt{U_0(x)}} dx. \qquad [219c]$$

Da nach Voraussetzung der Elektronenstrahl parallel einfallen soll, so ist $\left(\dfrac{dr}{dx}\right)_a = 0$, also auch $w_a = 0$; und [219c] liefert in Verbindung mit [219b]:

$$\frac{1}{f_2} = \frac{1}{4\sqrt{U_0(b)}} \int_a^b \frac{U_0''(x)}{\sqrt{U_0(x)}} dx \qquad [220a]$$

und entsprechend:

$$\frac{1}{f_1} = \frac{-1}{4\sqrt{U_0(a)}} \int_a^b \frac{U_0''(x)}{\sqrt{U_0(x)}} dx. \qquad [220b]$$

Die Ausdrücke [220a,b] für die beiderseitigen Brennweiten von dünnen, rotationssymmetrischen *elektrischen* Linsen erlauben noch eine Umformung mittels einer partiellen Integration. Diese ergibt wegen Verschwindens der elektrischen Feldstärke an den Grenzen des Feldes $\left(\dfrac{\partial U}{\partial x}\right) = 0$:

$$\frac{1}{f_2} = \frac{1}{4\sqrt{U_0(b)}} \int\limits_a^b \frac{U_0'^2(x)}{\sqrt{U_0^3(x)}} \, dx \, , \qquad [221a]$$

$$\frac{1}{f_1} = \frac{-1}{4\sqrt{U_0(a)}} \int\limits_a^b \frac{U_0'^2(x)}{\sqrt{U_0^3(x)}} \, dx \, . \qquad [221b]$$

Die Seitenvergrößerung $g$ ist durch das Verhältnis $r_2/r_1$ gegeben, das sich nach [216] in der Form schreiben läßt:

$$g = \frac{r_2}{r_1} = \frac{n_1 \, \text{tg}\beta_1}{n_2 \, \text{tg}\beta_2} = \frac{f_1}{f_2} \, . \qquad [222a]$$

Daraus folgt:

$$|g| = \sqrt{\frac{U_0(a)}{U_0(b)}} \, , \qquad [222b]$$

d. h. die Vergrößerung ist in erster Näherung unabhängig vom Typ (vgl. Abb. 52) der verwendeten elektrischen Linse und nur eine Funktion der Potentiale. Je nachdem, ob $U(a) \gtreqless U(b)$ ist, erhält man eine Vergrößerung $|g| \gtreqless 1$. Die Beziehung [222b] ist praktisch besonders wichtig für alle die Fälle, wo eine möglichst punktförmige Elektronenstrahlabtastung erfolgen soll (Katodenstrahlrohr, Bildspeicherrohr).

## 2.3.4. Magnetische Linsen

Für den Fall einer dünnen *magnetischen* Linse gehen wir von der magnetischen Grundgleichung der Elektronenoptik [210] aus, die unter den oben erörterten Voraussetzungen die Gestalt annimmt:

$$\frac{d^2 r}{dx^2} + \frac{\varepsilon}{8 \, m_\varepsilon U_0} H^2 r_0 = 0 \, . \qquad [223]$$

Mit der Substitution: $\bar{w} = \dfrac{1}{r_0} \dfrac{dr}{dx}$ geht diese Gleichung über in:

$$\frac{d\bar{w}}{dx} + \frac{\varepsilon}{8 m_\varepsilon U_0} H^2 r_0 = 0, \qquad [224]$$

woraus sich in entsprechender Schlußweise wie im elektrischen Fall durch Integration über den Feldbereich $(a, b)$ ergibt:

$$\frac{1}{f_2} = \frac{\varepsilon}{8 m_\varepsilon U_0} \int_a^b H^2 \, dx, \qquad [225\,a]$$

$$\frac{1}{f_1} = - \frac{\varepsilon}{8 m_\varepsilon U_0} \int_a^b H^2 \, dx. \qquad [225\,b]$$

Die zweite Gleichung folgt aus der symmetrischen Gestalt des Feldes der magnetischen Linse, welche bewirkt, daß beiderseitig das gleiche Brechungsverhältnis auftritt, so daß nach [212] $f_1/f_2 = -1$ ist.

Man entnimmt [225 a, b], daß die magnetische Linse unabhängig vom Vorzeichen des Feldes als Sammellinse wirkt. Als Vergrößerung ergibt sich nach [222 b]:

$$|g| = |f_1/f_2| = 1. \qquad [226]$$

Gegenstand und Bild haben stets die gleiche Größe. Das Bild erscheint aber stets als Ganzes um einen Winkel gegen den abgebildeten Gegenstand verdreht, da die Elektronenbahnen Schraubenlinien sind, deren Projektion in die $r, x$-Ebene von der Grundgleichung [223] geliefert wird. Das Vorzeichen der Bilddrehung ändert sich mit der Feldrichtung.

### 2.3.5. Abbildungsfehler

Wie in der Lichtoptik kommt es auch in der Elektronenoptik vor, daß eine Verzeichnung der Abbildung eintritt, weil von einem Gegenstandspunkt ausgehende Strahlen sich nicht wieder oder nicht in der Bildebene schneiden. Die Gründe dieser Erscheinungen sind Linsenfelder, welche zahlreiche Ursachen haben. In der Elektronenoptik treten zu den konstruktiven Fehlermöglichkeiten besonders Feldstörungen durch Raumladungen. Auf eine ausführliche Erörterung dieser Fehler soll in diesem Rahmen verzichtet werden. Es sei deshalb auf die im Schrifttumverzeichnis aufgeführten Arbeiten verwiesen, insbesondere auf die umfangreichen Untersuchungen von *J. Picht* und *J. Himpan* sowie von *W. Glaser* (116, 117, 118), in denen u. a. die Fehlerbestimmung für spezielle elektrische Systeme auf einige wenige Modellmessungen im elektrolytischen Trog zurückgeführt wird.

# Literatur

## a) Weiterführende Werke

1. *R. S. Becker*, Theory and Interpretation of Fluorescence and Phosphorescence (New York 1969).
2. *W. Bitterlich*, Elektronik (Wien 1967).
3. *J. S. Blakemore*, Solid State Physics (Philadelphia 1969).
4. *E. Brüche* u. *A. Recknagel*, Elektronengeräte (Berlin-Heidelberg-New-York 1941); s. a. c) (113).
5. *E. Brüche* u. *O. Scherzer*, Geometrische Elektronenoptik (Berlin 1934); s. a. c) (112).
6. *W. Buckel*, Supraleitung – Grundlagen und Anwendungen (Weinheim/Bergstr. 1972).
7. *J. Callway*, Energy Band Theory (New York-London 1964).
8. *H. Clark*, Solid State Physics (London 1968).
9. *W. Finkelnburg*, Einführung in die Atomphysik (11./12. Aufl., Berlin-Heidelberg-New York 1967); s. a. c) (27).
10. *D. Geist*, Halbleiterphysik I (Eigenschaften homogener Halbleiter) und II (Sperrschichten und Randschichten-Bauelemente) (Braunschweig 1969/70).
11. *E. Justi*, Leitfähigkeit und Leitungsmechanismus fester Stoffe (Göttingen 1948).
12. *C. Kittel*, Einführung in die Festkörperphysik (München-Wien 1969).
13. *E. A. Lynton*, Supraleitung. BI-Hochschultaschenbücher Band 74 (Mannheim 1964).
14. *O. Madelung*, Festkörperphysik I (Elementare Anregungen) und II (Wechselwirkungen) (Berlin-Heidelberg-New York 1972).
15. *H. A. Müser*, Einführung in die Halbleiterphysik (Darmstadt 1960).
16. *K. F. Renk*, Beitrag in Festkörperprobleme XII (1972).
17. *J. R. Shrieffer*, Theory of Superconductivity (New York 1964).
18. *P. Schultz*, Elektronische Vorgänge in Gasen und Festkörpern (Karlsruhe 1969).
19. *E. Spenke*, Elektronische Halbleiter (Berlin-Heidelberg-New York 1955); s. a. c) (47).
20. *H. Teichmann*, Halbleiter. BI-Hochschultaschenbücher Band 21 (3. Aufl., Mannheim 1969).
21. *A. H. Wilson*, The Theory of Metals (London 1965).

## b) Buchreihen

1. Handbuch der Physik (Herausgeber *S. Flügge*) Bände XI – XXII (Berlin-Göttingen-Heidelberg 1956).
2. Ergebnisse der exakten Naturwissenschaften Bände 11 (1932), 13 (1934), 15 (1936), 20 (1941), 21 (1942), 29 (1956) (weitergeführt unter dem Titel: „Springer Tracts in Modern Physics") (Berlin-Heidelberg-New York 1963).

150

3. Advances in Electrons and Electron Physics (Herausgeber *L. Marton*) (New York-London 1963).
4. Semiconductors and Semimetals (Herausgeber *R. K. Willardson* and *A. C. Beer*) (New York-London 1965).

## c) Zitiertes Schrifttum

(1) *G. J. Stoney*, Phil. Mag. (5) **11**, 384 (1881).
(2) *H. v. Helmholtz*, Journ. chem. soc. **39**, 277 (1881); Wiss. Abhandlungen **III**, 69 (1895).
(3) *E. Wiechert*, Schriften der Königsberger Gesellschaft **38**, 3 (1897).
(4) *Ph. Lenard*, Wied. Ann. **51**, 225 (1894); **52**, 28 (1894).
(5) *G. J. Stoney*, Scient. Transact. Roy. Dub. Soc. (11) **4**, 563 (1891).
(6) *A. Toepler*, Dinglers Journ. **163**, 426 (1862).
(7) *H. Hallwachs*, Wied. Ann. **33**, 301 (1888).
(8) *H. Hertz*, Wied. Ann. **31**, 983 (1887); Gesammelte Werke I, 69, Anm. 11 (1895).
(9) *T. A. Edison*, US-Patentanmeldung 1883.
(10) *O. W. Richardson*, Proc. Cambridge Phil. Soc. **11**, 286 (1901); Phil. Transact. **A 201**, 497 (1903); Phil. Mag. **28**, 633 (1914).
(11) *L. de Broglie*, Ann. de Physique **3**, 22 (1925).
(12) *J. Davisson* u. *H. Germer*, Phys. Rev. **30**, 705 (1927).
(13) *J. S. Townsend*, Phil. Mag. (11) **45**, 125, 469 (1898).
(14) *J. J. Thomson*, Phil. Mag. (11) **46**, 528 (1898).
(15) *A. H. Wilson*, Phil. Mag. (12) **5**, 429 (1903).
(16) *R. A. Millikan*, Phys. Rev. **2**, 109 (1913).
(17) *E. Rutherford* u. *H. Geiger*, Proc. Roy. Soc. London (A) **81**, 162 (1903).
(18) *E. Regener*, Berliner Ber. **II**, 948 (1909).
(19) *R. A. Millikan*, Ann. Phys. (5) **32**, 34 (1938).
(20) *F. G. Dunnigton*, Phys. Rev. (2) **55**, 683 (1939).
(21) *W. Kaufmann*, Phys. Z. **4**, 55 (1902); Gött. Nachr. Math.-Phys. Klasse, 90 (1903).
(22) *A. Einstein*, Ann. Phys. **17**, 913 (1905).
(23) *C. F. v. Weizsäcker*, Z. Phys. **96**, 431 (1935).
(24) *E. Schrödinger*, Abhandlungen über Wellenmechanik, Leipzig (1927).
(25) *H. Teichmann*, Einführung in die Atomphysik, BI-Hochschultaschen-bücher Bd. 12 (3. Aufl. Mannheim-Zürich 1966).
(26) *S. A. M. Dirac*, Proc. Roy. Soc. London (A) **111**, 405 (1926).
(27) *W. Finkelnburg*, Einführung in die Atomphysik (11. u. 12. Aufl. Berlin-Heidelberg-New York 1967).
(28) *S. Goudsmit* u. *G. E. Uhlenbeck*, Naturwiss. **13**, 953 (1925); Nature **107**, 264 (1926).
(29) *C. R. Tolman* u. *T. D. Stewart*, Phys. Rev. **8**, 97 (1916); **9**, 164 (1917).
(30) *C. R. Tolman* u. *W. M. Mott-Smith*, Phys. Rev. **28**, 794 (1926).

(31) *S. J. Barnett*, Proc. Amer. Acad. **66**, 273 (1931).

(32) *G. Wiedemann* u. *R. Franz*, Pogg. Ann. **89**, 497 (1843).

(33) *L. Lorenz*, Pogg. Ann.**147**, 429 (1872); Wied. Ann. **13**, 422 (1881); **25**, 1 (1885).

(34) *P. Drude*, Ann. Phys. **1**, 566; **3**, 369 (1900).

(35) *F. Kohlrausch*, Ann. Phys. **1**, 145 (1900).

(36) *W. Jaeger* u. *H. Diesselhorst*, Wiss. Abhdlg. PTR **3**, 269 (1900).

(37) *E. H. Hall*, Amer. J. Math. **2**, 287 (1879).

(38) *A. V. Ettingshausen*, Wiener Anz. **24**, 287 (1879).

(39) *W. Thomson*, Phil. Transact. **146**, 736 (1856).

(40) *W. Nernst*, Wied. Ann. **31**, 760 (1887).

(41) *A. v. Ettingshausen* u. *W. Nernst*, Wied. Ann. **29**, 343 (1886).

(42) *A. Righi*, J. Phys. (2) **8**, 609 (1889).

(43) *A. v. Ettingshausen* u. *W. Nernst*, Wied. Ann. **33**, 474 (1888).

(44) *G. A. Maggi*, Arch. de Genève **14**, 132 (1850).

(45) *Ph. Lenard*, Wied. Ann. **39**, 619 (1890).

(46) *H. Welker*, Z. Naturforsch. **7a**, 744 (1952); ETZ **76**, 513 (1955); Z. Naturforsch. **8a**, 248 (1953); Scientia Electrica **1** (1954) H. 4; Ergeb. d. exakt. Naturwiss. Bd. XXIX, 275 ff., Berlin (1956).

(47) *E. Spenke*, Elektronische Halbleiter, Berlin (1955).

(48) *R. W. Pohl*, ETZ **77**, 604 (1956).

(49) *L. Boltzmann*, Vorlesungen über kinetische Gastheorie I, Leipzig (1923), 3. Aufl.

(50) *H. A. Lorentz*, Proc. Amsterdam **7**, 438, 585, 684 (1905).

(51) *A. Sommerfeld*, Z. Phys. **47**, 1, 43 (1928).

(52) *H. Kamerlingh-Onnes*, Akad. van Wetenschappen Amsterdam, **14**, 113, 118 (1911).

(53) *W. Meissner* u. *R. Ochsenfeld*, Naturwiss. **21**, 787 (1933).

(54) *J. Bardeen, L. N. Cooper, J. R. Shrieffer*, Phys. Rev. **106**, 162 (1957); **108**, 1175 (1958); *N. Bogoljubow*, Phys. Bl. **15**, 262 (1959).

(55) *I. Giaever*, Phys. Rev. Lett. **5**, 464 (1960); *B. D. Josephson*, Phys. Lett. **1**, 251 (1962).

(56) *F. Bloch*, Z. Phys. **52**, 555 (1928) und **59**, 208 (1930).

(57) *H. Nyquist*, Phys. Rev. **32**, 110 (1928).

(58) *L. de Broglie*, Thèse de doctorat (1924); J. Physique **1**, 1 (1926).

(59) *C. Zener*, Proc. Roy. Soc. London (A), **145**, 523 (1934); *L. Esaki*, Phys. Rev. **109**, 603 (1958).

(60) *W. Shockley*, Bell Syst. techn. J. **28**, 435 (1949).

(61) *R. Seeliger*, Einführung in die Physik der Gasentladungen, Leipzig (1927).

(62) *E. Goldstein*, Wied. Ann. **12**, 101 (1881).

(63) *J. Plücker*, Pogg. Ann. **103**, 88 (1858).

(64) *Ph. Lenard*, Quantitatives über Kathodenstrahlen aller Geschwindigkeiten (Heidelberg 1918).

(65) *R. Kollath*, Phys. Z. **38**, 382 (1937).

(66) *H. Teichmann* u. *K. Geyer*, Z. Naturwiss. **7**, 313 (1941).

(67) *E. Becquerel*, Compt. rend. **9**, 561 (1839).

(68) *W. Smith*, Berl. Ber. **6**, 204 (1873); Amer. J. **5**, 301 (1873).

(69) *W. G. Adams* u. *R. E. Day*, Proc. Roy. Soc. London (A) **25**, 113 (1877).

(70) *W. Siemens*, Ber. Berl. Akad. **8**, 147 (1885).

(71) *B. Lange*, Phys. Z. **31**, 139, 964 (1930).

(72) *W. Hallwachs*, Wied. Ann. **33**, 301 (1888); **34**, 731 (1888).

(73) *W. Hallwachs*, Gött. Nachr. **174**, 5. Mai 1888.

(74) *H. Hertz*, Ges. Werke Bd. I, 69 (Nr. 4 u. 11), Leipzig (1895).

(75) *Ph. Lenard*, Wied. Ann. **51**, 225 (1894); **52**, 28 (1894).

(76) *H. Dember*, Phys. Z. **32**, 554, 856 (1931).

(77) *H. Dember* u. *H. Teichmann*, Fortschr. Min. **16**, 57 (1931).

(78) *W. W. Coblentz*, Sci. Pap. Bur. Stand. Nr. 468 (1924); Phys. Rev. **19**, 375 (1924).

(79) *A. Einstein*, Ann. Phys. **17**, 132 (1905).

(80) *M. Planck*, Verh. D. Phys. Ges. v. 14. 12. 1900.

(81) *B. Gudden* u. *R. W. Pohl*, Z. Phys. **17**, 331 (1923).

(82) *G. Elster* u. *H. Geitel*, Phys. Z. **13**, 468 (1912).

(83) *A. Millikan*, Phys. Rev. **7**, 355 (1916).

(84) *W. C. Röntgen*, Münch. Ber. **1**, 113 (1907).

(85) *W. C. Röntgen*, Ann. Phys. **64**, 1 (1921).

(86) *B. Gudden* u. *R. W. Pohl*, Z. Phys. **3**, 123 (1920).

(87) *B. Gudden* u. *R. W. Pohl*, Z. Phys. **16**, 170 (1923).

(88) *B. Gudden* u. *R. W. Pohl*, Z. Phys. **17**, 331 (1923).

(89) *B. Gudden* u. *R. W. Pohl*, Z. Phys. **35**, 243 (1925).

(90) *W. Flechsig*, Z. Phys. **33**, 372 (1925).

(91) *H. Teichmann*, Proc. Roy. Soc. London (A), **139**, 105 (1933).

(92) *L. R. Koller*, Gen. Electr. Rev. **31**, 373 (1928); Phys. Rev. **36**, 1639 (1930).

(93) *P. Görlich*, Z. Phys. **116**, 704 (1940).

(94) *J. H. de Boer*, Elektronenemission und Adsorptionserscheinungen, Leipzig (1937).

(95) *H. Teichmann*, Ann. Phys. **13**, 649 (1932).

(96) *R. H. Fowler*, Proc. Roy. Soc. London (A) **128**, 123 (1930).

(97) *S. Dushman*, Phys. Rev. **21**, 623 (1923).

(98) *S. Dushman*, Rev. Mod. Phys. **2**, 38 (1930).

(99) *J. Kerr*, Phil. Mag. (4) **50**, 337 (1875).

(100) *M. Faraday*, Phil. Transact. **136**, 1 (1846).

(101) *J. Kerr*, Phil. Mag. (5) **3**, 339 (1877); **5**, 161 (1878).

(102) *A. Cotton* u. *H. Mouton*, C. R. **145**, 229 (1907).

(103) *J. Stark*, Berl. Akad. Sitz-Ber. (1943); Ann. Phys. **43**, 965 (1914).

(104) *P. Zeeman*, Proc. Amsterdam **5**, 181, 242 (1896); Phil. Mag.(5) **43**, 226 (1897).

(105) *Ph. Lenard* u. *R. Tomaschek*, „Phosphoreszenz und Fluoreszenz" in Hdb. d. Exp.-Phys. **23**$_{1,2}$ (Leipzig 1928).

(106) *H. Teichmann*, „Phosphoreszenz" in Hdb. d. Naturwiss., Jena (1930).
(107) *G. G. Stokes*, Phil. Transact. **143 II**, 463 (1852); **143 III**, 385 (1853); Pogg. Ann. (Erg.-Bd.) **IV**, 177 (1854); **96**, 522 (1855).
(108) *C. V. Raman*, Nature **121**, 501, 819 (1928); Ind. J. Phys. **2**, 387 (1928).
(109) *Ph. Lenard*, „Absolute Messung", Heidelberg (1913).
(110) *F. Kirschstein* u. *G. Krawinkel*, „Fernsehtechnik" (Stuttgart 1952).
(111) *W. R. Hamilton*, „Abhandlungen zur Strahlenoptik" (übersetzt von G. Prange), Leipzig (1933).
(112) *E. Brüche* u. *O. Scherzer*, „Geometrische Elektronenoptik" (Berlin 1934).
(113) *E. Brüche* u. *A. Recknagel*, „Elektronengeräte" (Berlin 1941).
(114) *H. Pitsch*, Wiener Ber. **89**, 459 (1889).
(115) *H. Busch*, Ann. Phys. **91**, 974 (1926).
(116) *J. Picht* u. *J. Himpan*, Ann. Phys. (5) **39**, Heft 6/7 (1941).
(117) *W. Glaser*, „Grundlagen der Elektronenoptik", (Wien 1952).
(118) *H. Teichmann*, „Einführung in die Elektronenoptik", Der Fernmelde-Ingenieur **23**, Heft 11 (1969).

## Biographische Notizen

*Bainbridge, Kenneth, Tompkins* (geb. 1904), Prof. d. Physik a. d. Harvard University in Cambridge (Mass.), Arbeitsgebiet: Elektronik (Cäsium-oxid-Photokatoden).

*Bardeen, John* (geb. 1908), Prof. d. Physik in Urbana, Ill., Arbeitsgebiet: Festkörperphysik (Transistor), Supraleitung (quantenmechanische Deutung), Nobelpreise 1956, 1972.

*Bloch, Felix* (geb. 1905), Prof. d. Physik a. d. Stanford-University (Calif.), Arbeitsgebiet: Quantenmechanik des Festkörpers (Phononentheorie), Kerninduktion, Nobelpreis 1952.

*Becquerel, Henri* (1852 – 1908), Prof. d. Physik in Paris, Arbeitsgebiet: Strahlungsphysik (Entdecker der Radioaktivität), Nobelpreis 1903.

*Bogoljubow, Nikolai, Nikolaiewitsch* (geb. 1909), Prof. d. theoretischen Physik in Kiew, Moskau, Arbeits-gebiet: Supraleitfähigkeit, Suprafluidität, UdSSR Staatspreis 1947, 1953.

*Bohr, Niels* (1885 – 1962), Prof. d. theoretischen Physik in Kopenhagen, Arbeitsgebiet: Atomphysik (Bohrsches Atommodell), Nobelpreis 1922.

*Boltzmann, Ludwig, Eduard* (1844 bis 1906), Prof. d. Physik in Graz, München, Leipzig, Wien, Arbeitsgebiet: Wärmelehre (kinetische Gastheorie, Wahrscheinlichkeitsdefinition der Entropie).

*Brattain, Walter, H.* (geb. 1902), Prof. d. Physik am Whitman College, Walla Walla (Wash.), Arbeitsgebiet: Elektronik, Festkörperphysik (Transistor), Nobelpreis 1956 (gemeinsam mit J. Bardeen u. W. Shockley).

*Braun, Karl, Ferdinand* (1850 – 1918), Prof. d. Physik in Marburg, Karlsruhe, Tübingen, Straßburg, Arbeitsgebiet: Strahlungsphysik (Braunsche Röhre), elektrische Nachrichtenübertragung, Nobelpreis 1909.

*Broglie, Louis, Victor, Duc de* (geb. 1892), Prof. d. Physik in Paris, Arbeitsgebiet: Atomphysik (Begründer der Wellenmechanik), Nobelpreis 1929.

*Brüche, Ernst* (geb. 1900), Hon.-Prof. d. Physik in Karlsruhe, Arbeitsgebiet: Elektronenoptik (elektrostatisches Elektronenmikroskop, gemeinsam m. Prof. O. Scherzer), Herausgeber der „Physikalischen Blätter" (1944−1972).

*Busch, Hans* (1884−1973), Prof. d. Fernmeldetechnik in Darmstadt, Arbeitsgebiet: elektrische Nachrichtentechnik, Begründer d. Elektronenoptik (magnetische Linse, 1927).

*Coblentz, William, Weber* (1873 bis 1962), amerikanischer Physiker im Bureau of Standards in Washington (D. C.), Arbeitsgebiet: Strahlungsphysik, Meßtechnik, Photoelektrizität.

*Cooper, Leon, N.* (geb. 1930), Prof. d. Physik am Prov. College in Rhode Island, Arbeitsgebiet: Supraleitung (Cooper-Paare), Nobelpreis 1972.

*Cotton, Aimé* (1869−1951), Prof. d. Physik in Paris, Arbeitsgebiet: Elektro- und Magnetooptik.

*Crookes, William* (1832−1919), englischer Privatgelehrter, Arbeitsgebiet: Chemie (Entdecker des Thalliums), Gasentladungsphysik (Crookessche Röhre).

*Davisson, Joseph, Clinton* (1881 bis 1958), Research-Prof. d. Physik a. d. University of Virginia, Mit-

arbeiter der Bell Telephone Laboratories, Arbeitsgebiet: Hochfrequenztechnik, Elektronenoptik (Entdecker der Elektronenbeugung gemeinsam mit H. L. Germer), Nobelpreis 1937.

*Debye, Peter* (1884−1966), Prof. d. Physik in Utrecht, Göttingen, Zürich, Leipzig, Direktor d. Max-Planck-Institutes f. Physik in Berlin, Prof. d. Physik a. d. Cornell-University, Ithaka, Arbeitsgebiet: Struktur der Materie, Nobelpreis 1936.

*Dember, Harry* (1882−1943), Prof. d. Physik in Dresden, Ankara, Institute Rütgers in Brunswick (N. J.), Arbeitsgebiet: Photoelektrizität (Kristallphotoeffekt-Dember-Effekt).

*Diesselhorst, Hermann* (1870−1961), Prof. d. Physik in Braunschweig, Arbeitsgebiet: Verknüpfung thermischer und elektromagnetischer Prozesse (Entwicklung von Präzisionsmeßverfahren).

*Dirac, Paul, Adrien, Maurice* (geb. 1902), Lucasian-Prof. d. theoretischen Physik in Cambridge (Engl.). Arbeitsgebiet: relativistische Quantenmechanik (relativistische Wellengleichung des Elektrons, Theorie der Antiteilchen, Diracsche Sprungfunktion), Nobelpreis 1933.

*Drude, Paul* (1863−1906), Prof. d. Physik in Leipzig, Gießen, Berlin, Arbeitsgebiet: Optik (Dispersionstheorie), Elektronik (Elektronengastheorie).

*Dushman, Saul* (1883−1954), Direktor des Research Laboratory of General Electric Company, Schenectady (N. Y.), Arbeitsgebiet: Atomstruktur, Photoelektrizität.

*Edison, Thomas, Alva* (1847–1931), amerikanischer Erfinder in Menlo Park, New Jersey, Arbeitsgebiet: Elektrotechnik (Entdecker der Glühelektronen-Emission, Edison-Effekt 1881).

*Einstein, Albert* (1879–1955), Prof. d. theoretischen Physik in Prag, Zürich, Berlin (Kaiser-Wilhelm-Institut), Princeton, New Jersey, Arbeitsgebiet: Elektrodynamik, Schöpfer der speziellen (1905) und allgemeinen (1916) Relativitätstheorie, Begründer der Lichtquantenhypothese, Nobelpreis 1921.

*Elster, Julius* (1854–1920), Gymnasial-Oberlehrer d. Physik in Wolfenbüttel, Arbeitsgebiet: Photoelektrizität (gasgefüllte Photozelle), Radioaktivität (Zerfallsgesetz), gemeinsam mit H. Geitel (s. d.).

*Esaki, Leo* (geb. 1925), IBM-Thomas J. Watson Research Center, New York, N.Y., Arbeitsgebiet: Festkörperphysik, Entdecker der Tunneldiode (1958), Nobelpreis 1973 (gem. m. I. Giaever und B. D. Josephson).

*Ettinghausen, Albert von* (1850–1932), Prof. d. Physik in Graz, Arbeitsgebiet: Elektro- und Thermodynamik, galvano- und thermomagnetische Effekte (Ettinghausen- und Ettinghausen-Nernst-Effekt, Nernst-[Ettinghausen]-Effekt).

*Faraday, Michael* (1791–1867), Prof. d. Physik u. Chemie a. d. Royal Institution in London, Arbeitsgebiet: Chemie (Verflüssigung des Chlors, Elektrolyse – Faradaysche Gesetze –), Physik (Induktionsgesetz, Begründer feldtheoretischer Vorstellungen – Nahwirkungstheorie –, Magnetooptik).

*Fermi, Enrico* (1901–1954), Prof. d. Physik in Florenz, Rom, New York, Chicago, Arbeitsgebiet: Kernphysik (Kernumwandlung durch Neutronenbeschuß, 1934, Konstrukteur des ersten Kernreaktors, 1942), physikalische Statistik (Fermi-Statistik, 1935), Nobelpreis 1938.

*Finkelnburg, Wolfgang* (1905–1967), Prof. d. Physik in Straßburg, Washington (D. C.), Erlangen, Direktor d. Abteilung Reaktortechnik d. Siemens AG (Erlangen), Präsident der Deutschen Physikalischen Gesellschaft, 1965–1967, Arbeitsgebiet: Atomphysik, Plasmaphysik, Reaktortechnik (Entwicklung eines Reaktors f. natürliches Uran).

*Flügge, Siegfried* (geb. 1912), Prof. d. Physik in Königsberg, Göttingen, Marburg/L., Freiburg/Br., Arbeitsgebiet: Quantenmechanik, Kernphysik (Möglichkeiten der Nutzung von Kernenergie, 1939), Herausgeber des „Handbuches der Physik" (Encyclopaedia of Physics).

*Fowler, Ralph, Howard, Sir* (1889 bis 1944), Plummer-Prof. d. angewandten Mathematik in Cambridge (Engl.), Arbeitsgebiet: statistische Mechanik, Festkörperphysik.

*Franz, Rudolph* (1827–1902), Gymnasial-Oberlehrer in Berlin, Universitätsdozent, Arbeitsgebiet: thermische u. elektrische Prozesse.

*Geiger, Hans* (1882–1945), Prof. d. Physik in Kiel, Tübingen, Berlin, Arbeitsgebiet: Radioaktivität (Geiger-Nutallsche Regel, Geiger-Müller-Zählrohr).

*Geitel, Hans, Friedrich* (1855–1923), Studienrat d. Physik in Wolfenbüttel, Arbeitsgebiet: Elektrizitätsleitung in Gasen, Photoelektrizität, Radioaktivität, gemeinsam mit J. Elster (s. d.).

*Germer, Halbert, Lester* (geb. 1896), amerikanischer Physiker, wissenschaftlicher Mitarbeiter d. Bell Telephone Laboratories, New York, u. d. Cornell-University, Ithaka, Arbeitsgebiet: Beugung von Röntgen- und Elektronenstrahlen.

*Giaever, Ivar* (geb. 1929), General Electric Research and Development Center, Schenectady N. Y., Arbeitsgebiet: Festkörperphysik, Entdeckung supraleitender Tunnelkontakte (1960), Nobelpreis 1973 (gem. m. L. Esaki u. B. D. Josephson).

*Görlich, Paul* (geb. 1905), Hon.-Prof. d. Physik in Jena, Direktor i. VEB Carl Zeiss Jena, Arbeitsgebiet: Photoelektrizität (Legierungs-Photokatoden), Nationalpreis d. DDR 1964.

*Goldstein, Eugen* (1850–1931), Physiker a. d. Universitätssternwarte Berlin, Arbeitsgebiet: Gasentladungsphysik (Namengeber der Katodenstrahlen, Entdecker der Kanalstrahlen, 1886).

*Goudsmit, Samuel, Abraham* (geb. 1902), Prof. d. Physik im Brookhaven National Laboratory, Arbeitsgebiet: Atomstruktur (Theorie des Elektronenspins, gemeinsam mit G. Uhlenbeck, 1925).

*Gudden, Bernhard* (1892–1945), Prof. d. Physik in Erlangen, Prag, Arbeitsgebiet: Photoelektrizität, Lumineszenz-Erscheinungen, Halbleiterphysik.

*Hall, Edwin, Herbert* (1855–1938), Prof. d. Physik am Harvard College in Cambridge (Mass.), Arbeitsgebiet: Elektro- und Thermodynamik (Hall-Effekt, 1879).

*Hallwachs, Wilhelm* (1859–1922), Prof. d. Physik in Dresden, Arbeitsgebiet: Photoelektrizität, Entdecker des äußeren Photoeffektes (1887).

*Hamilton, William, Rowan* (1805 bis 1865), Prof. d. Astronomie in Dublin, Arbeitsgebiet: Quaternionentheorie, allgemeine Methoden der analytischen Mechanik, Extremalprinzipe (Hamiltonsches Prinzip).

*Heisenberg, Werner* (geb. 1901), Prof. d. theoretischen Physik in Leipzig, Berlin, München (Direktor d. Max-Planck-Institutes f. Physik u. Astrophysik), Arbeitsgebiet: Quantenmechanik (Unbestimmtheitsrelation, Matrizenmethode), Kernphysik (Aufbau der Atomkerne, allgemeine Feldgleichung), Nobelpreis 1932.

*Helmholtz, Hermann von* (1821 bis 1894), Prof. d. Physiologie in Königsberg, Bonn, Heidelberg, Prof. d. Physik in Berlin, erster Präsident der Physikalisch-Technischen Reichsanstalt, Arbeitsgebiet: Physiologie (Bedeutung des Energieprinzips, 1847, Nervenreizleitung, 1850), Optik (Augenspiegel, 1851), Akustik (Summationstöne, 1856), Hydrodynamik (Wirbelsätze, 1858), Elektrodynamik (Begriff d. elektrischen Elementarquantums, 1881, Prinzip d. kleinsten Wirkung, 1884).

*Hertz, Heinrich, Rudolf* (1857–1894), Prof. d. Physik in Kiel, Karlsruhe, Arbeitsgebiet: analytische Mechanik, Elektrodynamik, Entdecker der elektromagnetischen Wellen

(Hertzsche Wellen [1886], Begründer der elektromagnetischen Lichttheorie).

*Hittdorf, Johann, Wilhelm* (1824 bis 1914), Prof. d. Physik in Münster, Arbeitsgebiet: Elektrolyse (Ionen-Überführungszahlen), Katodenstrahlen-Beeinflussung (Hittdorfsche Röhre).

*Jaeger, Wilhelm, Ludwig* (1862 bis 1937), Physiker, Geheimer Regierungsrat an der Physikalisch-Technischen Reichsanstalt in Berlin, Arbeitsgebiet: Thermo- und Elektrodynamik.

*Josephson, Brian, D.* (geb. 1940), Cavendish-Laboratory, Cambridge University (Engl.), Arbeitsgebiet: Quantenmechanik der Supraleitung, theoretische Voraussagen über das Verhalten supraleitender Tunnelkontakte (Josephsoneffekte, 1962), Nobelpreis 1973 (gem. m. L. Esaki u. I. Giaever).

*Kamerlingh-Onnes, Heike* (1853 bis 1926), Prof. d. Physik in Leiden, Arbeitsgebiet: Kältephysik, Entdecker der Supraleitung (1911), Nobelpreis 1913.

*Kaufmann, Walter* (1871–1947), Prof. d. Physik in Königsberg, Arbeitsgebiet: Kathodenstrahlen, Entdecker der Geschwindigkeitsabhängigkeit der Masse an Elektronen (1901).

*Kerr, John, Legum* (1824–1907), Lehrer d. Physik u. Mathematik am „Free Church Training College for Teachers" in Glasgow (Schottland), Arbeitsgebiet: Elektro- und Magnetooptik (elektro- und magnetooptischer Kerr-Effekt, Kerr-Zelle).

*Kohlrausch, Friedrich, Wilhelm, Georg* (1840–1910), Prof. d. Physik in Göttingen, Zürich, Darmstadt, Würzburg, Straßburg, Berlin (Präsident der Physikalisch-Technischen Reichsanstalt), Arbeitsgebiet: Elektrolyse, Maßsysteme, Meßmethoden (Verfasser von: „Praktische Physik").

*Kollath, Rudolf, Johannes* (geb. 1900), Prof. d. Physik in Mainz, Arbeitsgebiet: Atomistik, Elektronik (Wirkungsquerschnitt-Bestimmungen).

*Koller, Lewis, Richard* (geb. 1895), amerikanischer Physiker bei der Research Association of National Research Corporation, Cambridge (Mass.), Arbeitsgebiet: Elektronik (Photokatoden), Strahlungsphysik (biologische Wirkungen).

*Leduc, Sylvester, Anatole* (1856 bis 1937), Prof. d. Physik a. d. Sorbonne in Paris, Arbeitsgebiet: Thermo- u. Elektrodynamik (galvano- u. thermomagnetische Effekte).

*Lenard, Philipp* (1867–1947), Prof. d. Physik in Heidelberg, Arbeitsgebiet: Kathodenstrahlen, Lumineszenz-Erscheinungen, Nobelpreis 1905.

*Lorentz, Hendrik, Antoon* (1853 bis 1928), Prof. d. Physik in Leiden, Arbeitsgebiet: Elektrodynamik (Lorentz-Transformation, Lorentz-Kraft), Nobelpreis 1902.

*Lorenz, Ludwig, Valentin* (1829 bis 1891), Prof. d. Physik a. d. höheren Militärschule in Kopenhagen, Arbeitsgebiet: Optik, Zusammenhang zwischen thermischen und elektrischen Eigenschaften (thermisches u. elektrisches Leitvermögen von Metallen, 1881).

*Loschmidt, Joseph* (1821–1895), Prof. d. Physik in Wien, Arbeitsgebiet:

Molekularphysik (Loschmidtsche Zahl).

*Maggi, Gian, Antonio* (1856 – 1937), Prof. d. Physik in Pisa, Arbeitsgebiet: Mechanik, Elektro- und Thermodynamik (thermomagnetische Effekte).

*Maupertuis, Pierre, Louis, Moreau de* (1698 – 1759), französischer Physiker und Mathematiker, von Friedrich dem Großen bei Gründung der Akademie der Wissenschaften in Berlin (1741) als deren erster Präsident eingesetzt, Arbeitsgebiet: Geodäsie (Abplattung der Erde [1736]), analytische Mechanik (Maupertuissches Prinzip der kleinsten Wirkung [1747]).

*Meißner, Walter* (geb. 1882), Prof. d. Physik in München, Arbeitsgebiet: Physik der tiefen Temperaturen (Meißner-Ochsenfeld-Effekt 1933).

*Millikan, Robert, Andrews* (1868 bis 1953), Prof. d. Physik in Chicago, Pasadena, Arbeitsgebiet: Quantenphysik, Präzisionsmessungen der elektrischen Elementarladung und des Planckschen Wirkungsquantums, Nobelpreis 1923.

*Mott, Neville, Francis, Sir* (geb. 1905), Prof. d. Physik in Bristol, Cambridge (Engl.), Cavendish-Prof., Präsident der Royal Society, Arbeitsgebiet: Wellenmechanik, atomare und elektronische Stoßprozesse, Festkörperphysik.

*Nernst, Walter* (1864 – 1941), Prof. d. Physikalischen Chemie in Göttingen, Berlin, Präsident der Physikalisch-Technischen Reichsanstalt in Berlin, Prof. d. Physik in Berlin, Arbeitsgebiet: Thermodynamik physikalischer und chemischer Prozesse, Entdecker des 3. Hauptsatzes (Nernstscher Wärmesatz), Nobelpreis 1920.

*Nyquist, Harry* (geb. 1889), Direktor d. Bell Telephone Laboratories, Arbeitsgebiet: Nachrichtentechnik (Nyquistsche Formel für das thermische Rauschen, Regelungstechnik).

*Pauli, Wolfgang* (1900 – 1958), Prof. d. Physik in Zürich, Arbeitsgebiet: Relativitätstheorie, Quantenmechanik (Pauli-Prinzip), Nobelpreis 1945.

*Picht, Johannes* (1897 – 1973), Prof. d. theoretischen Physik in Potsdam, Arbeitsgebiet: Optik, Elektronenoptik.

*Planck, Max* (1858 – 1947), Prof. d. theoretischen Physik in Berlin, Arbeitsgebiet: Strahlungsphysik (Plancksche Strahlungsformel, Schöpfer der Quantentheorie, Plancksches Wirkungsquantum), Nobelpreis 1918.

*Plücker, Julius* (1801 – 1868), Physiker u. Mathematiker, Prof. d. Physik in Halle, Bonn, Arbeitsgebiet: Mathematik (projektive Geometrie, Plückersche Koordinaten), Gasentladungsphysik (Plückersche Röhre, nach Plückers Glasbläser in Bonn auch Geißlersche Röhre genannt, Entdecker der Katodenstrahlen).

*Pohl, Robert, Wichard* (geb. 1884), Prof. d. Physik in Göttingen, Arbeitsgebiet: Photoelektrizität, Festkörperphysik, physikalische Didaktik.

*Raman, Chandrasekhara, Ventaka, Sir* (1888 – 1970), Prof. d. Physik in Calcutta, Bangalore, Arbeitsgebiet: Strahlungsphysik, Entdecker – des

von A. Smekal 1923 vorausge-
sagten – Raman-Effektes (1928).
Nobelpreis 1930.

*Regener, Erich* (1881–1955), Prof. d.
Physik in Stuttgart, Direktor d.
Max-Planck-Institutes f. Physik d.
Stratosphäre, Vizepräsident d.
Max-Planck-Gesellschaft, Arbeits-
gebiet: Physik der Atmosphäre.

*Richardson, Owen, Williams, Sir* (1879
bis 1959), Prof. d. Physik in London, Arbeitsgebiet: Elektronenemission (Richardsonsche Gleichung), Nobelpreis 1928.

*Righi, Augusto* (1850–1920), Prof.
d. Physik in Palermo, Bologna,
Arbeitsgebiet: Optik, Elektrodynamik (galvano- u. thermomagnetische Effekte, elektrische Nachrichtenübertragung).

*Röntgen, Wilhelm, Conrad* (1845 bis
1923), Prof. d. Physik in Würzburg,
München, Arbeitsgebiet: Kristall-
physik, Entdecker der nach ihm
benannten X-Strahlen (1895), Nobelpreis 1901.

*Rutherford, Ernest, Lord R. of Nelson*
(1871–1937), Prof. d. Physik in
Montreal, Manchester, Cambridge
(Engl.), Präsident d. Royal Society
London, Arbeitsgebiet: Radioaktivität, Begründer der Kernphysik
(erster Nachweis einer Kernumwandlung 1919), Nobelpreis 1908.

*Schottky, Walter* (geb. 1886), Prof.
d. theoretischen Physik in Rostock,
wissenschaftlicher Berater d. Siemens AG (Erlangen), Arbeitsgebiet: Thermodynamik, Nachrichtentechnik (Schottkysche Raumla-
dungsformel), Festkörperphysik.

*Schrödinger, Erwin* (1887–1961),
Prof. d. theoretischen Physik in
Breslau, Zürich, Berlin, Graz, Dub-

lin, Wien, Arbeitsgebiet: Farben-
lehre, Quantenmechanik (Schrö-
dingersche Wellengleichung, Wellenmechanik), allgemeine Feld-
theorie, Nobelpreis 1933.

*Seeliger, Rudolf* (1886–1965), Prof.
d. Physik in Greifswald und Direktor d. Instituts für Gasentladungsphysik a. d. Deutschen Akademie der Wissenschaften, Arbeitsgebiet: Gasentladungsphysik.

*Shockley, William, Bradford,* (geb.
1910), Prof. d. Ingenieurwissen-
schaften a. d. Stanford-University
(Calif.), Arbeitsgebiet: Elektronik
(Transistor, Shockleysche Gleichung), Nobelpreis 1956 (gemeinsam mit J. Bardeen u. W. Brattain).

*Siemens, Werner von* (1816–1892),
Begründer der Elektrotechnik sowie der elektrotechnischen Indu-
strie (Starkstromtechnik gem. m.
Schuckert, Schwachstromtechnik
gem. m. Halske) Mitbegründer der
Physikalisch-Technischen Reichsanstalt (1887), Entdecker des dyna-
moelektrischen Prinzips (1866).

*Smekal, Adolf, Gustav* (1895–1959),
Prof. d. theor. Physik in Wien,
Halle, Graz, Arbeitsgebiet: Festkörperphysik (Entdeckung der Bedeutung von Fehlstellen im Kristallgitter, Voraussage des Smekal-Ra-
maneffektes, 1923).

*Snellius (Snell van Rojen), Willebrod*
(1580–1626), niederländischer
Physiker u. Mathematiker in Leiden, Arbeitsgebiet: Optik (Snelliu-
sches Brechungsgesetz, 1620).

*Sommerfeld, Arnold* (1868–1951),
Prof. d. Mathematik in Clausthal,
Prof. d. Mechanik in Aachen, Prof.
d. theoretischen Physik in Mün-
chen, Arbeitsgebiet: Kreiseltheorie,
Atomphysik, Elektronentheorie.

*Stark, Johannes* (1874–1957), Prof.
d. Physik in Aachen, Greifswald,
Würzburg, Präsident der Physikalisch-Technischen Reichsanstalt,
Arbeitsgebiet: Atomphysik (Stark-
effekt, 1913). Nobelpreis 1919.

*Stoney, Georg, Johnstone* (1826 bis
1911), Prof. d. Naturphilosophie
a. d. Queens University in Dublin,
Arbeitsgebiet: Optik, natürliche
Einheiten, Elektrodynamik.

*Stokes, George, Gabriel* (1819–1903),
Lucesian-Prof. f. theoretische Physik in Cambridge (Engl.), Arbeitsgebiet: Mechanik (Stokessches Rei-
bungsgesetz), Mathematik (Stokes-
scher Integralsatz), Strahlungsphysik (Stokessche Linien, Stokessche
Regel).


*Thomson, Joseph, John, Sir* (1856 bis
1940), Prof. d. Physik in Cambridge
(Engl.), Arbeitsgebiet: Gasentladungsphysik. Nobelpreis 1906.

*Thomson, William,* Lord Kelvin of
Largs (1824–1907), Prof. d. theoretischen Physik in Glasgow, Arbeitsgebiet: Thermodynamik (Definition der absoluten Temperatur, Messung in Kelvingraden,
1848, Joule-Thomson-Effekt, 1854,
Thomson-Effekt, 1856).

*Toepler, August, Joseph, Ignatz,* (1836
bis 1912), Prof. in Riga, Graz,
Dresden, Arbeitsgebiet: Mechanik
(Quecksilbervakuumpumpe) Elek-
trizitätslehre (leistungsfähige Influ-
enzmaschine), Optik (Toeplersche
Schlierenmethode).

*Tolman, Chase, Richard* (1881–1948),
Prof. d. mathematischen Physik u.
Chemie in Pasadena (Calif.), Arbeitsgebiet: statistische Wärmetheorie, Elektronentheorie ($\varepsilon$/m-Be-
stimmung als Nachweis d. elektronischen Leitfähigkeit d. Metalle),
Relativitätstheorie („expanding
universe").

*Townsend, John, Sealy, Edward* (1868
bis 1957), Prof. d. Physik in Oxford,
Arbeitsgebiet: Gasentladungsphysik (Tröpfchenmethode zur Ladungsbestimmung, Stoßionisa-
tionstheorie).


*Uhlenbeck, Georges, Eugene* (geb.
1900), Prof. in Utrecht, Ann Arbor
(Michigan), Arbeitsgebiet: Quantenphysik (Hypothese vom Elektronenspin, gemeinsam mit Goudsmit, 1925).


*Weizsäcker, Carl, Friedrich von* (geb.
1912), Prof. d. theoretischen Physik in Göttingen, Prof. d. Philosophie in Hamburg, Direktor d.
Max-Planck-Institutes zur Erforschung der Lebensbedingungen d.
wissenschaftlich-technischen Welt
in Starnberg, Arbeitsgebiet: Kernphysik, Astrophysik (Energiebilanz
der Fixsterne), Philosophie, Fu-
turologie.

*Welker, Heinrich, Johann* (geb. 1912),
Hon.-Prof. f. Physik in München,
Vorstandsmitglied der Siemens AG
(München/Erlangen), Arbeitsge-
biet: Festkörperphysik (Entdecker
halbleitender 3,5-Verbindungen).

*Wiechert, Emil* (1861–1928), Prof.
d. Geophysik in Göttingen, Arbeitsgebiet: Geophysik (Seismik);
Physik (elektromagnetischer Charakter der Röntgenstrahlen, spezifische Ladung von Elektronen im
Verhältnis zu der von Kanalstrahl-
teilchen).

*Wiedemann, Gustav, Heinrich* (1826
bis 1899), Prof. d. Physik in Basel,

Braunschweig, Karlsruhe, Leipzig, Arbeitsgebiet: Elektrizitäts- u. Wärmelehre (Wiedemann-Franz-Lorenzsches Gesetz).

*Wilson, Alan, Herries, Sir* (geb. 1906), englischer Industriephysiker, Univ.-Lecturer Cambridge (Engl.), Arbeitsgebiet: Elektrizitätsleitung in Metallen und Halbleitern (Störstellentheorie).

*Zeeman, Pieter* (1865–1943), Prof. d. Physik in Amsterdam, Arbeitsgebiet: Strahlungsphysik (Zeeman-Effekt, 1895), Nobelpreis 1902.

*Zener, Clarence, Melvin* (geb. 1905), Prof. d. Physik in Chicago, Direktor am Research Laboratory of the Westinghouse Electric Company, Arbeitsgebiet: Elektrotechnik (elektrischer Durchschlag, Zener-Effekt).

# Sachverzeichnis

166